AF261596

COTE

OCCIDENTALE D'AFRIQUE

COTE-D'OR.

Paris. — Impr. de Pommeret et Moreau, 17, quai des Augustins.

COTE

OCCIDENTALE D'AFRIQUE

COTE-D'OR.

GÉOGRAPHIE. — COMMERCE. — MŒURS.

PAR PEUCHGARIC AINÉ

CAPITAINE AU LONG COURS,

Membre de la Société orientale de France.

PARIS,

JUST ROUVIER, LIBRAIRE,

Éditeur de la Revue de l'Orient, de l'Algérie et des Colonies,

20, RUE DE L'ÉCOLE-DE-MÉDECINE.

—

1857

COTE OCCIDENTALE D'AFRIQUE.

COTE-D'OR.

MŒURS. — GÉOGRAPHIE. — COMMERCE.

Cette partie de la côte occidentale d'Afrique est certainement celle qui doit davantage nous intéresser et attirer notre attention, car son commerce est le plus important de tout le littoral, et ses habitants sont les plus avancés en civilisation. Depuis longtemps en contact avec les Européens, ils sont aussi les plus industrieux, et leurs relations avec ceux de l'intérieur sont très-étendues. Aussi, aurons-nous plus à parler sur le commerce et les mœurs, sur le commerce, parce que nos produits français conviennent beaucoup mieux là que partout ailleurs; sur les mœurs, parce que, pendant dix ans, nous avons visité ces contrées, nous y avons fondé un établissement considerable, et qu'il n'était pas un traitant indigène, ni un négociant européen, avec lesquels nous ne fussions en relation d'affaires.

Plusieurs siècles ont vu les Européens trafiquer sur ses bords, et depuis les premiers établissements qu'y fondèrent nos intrépides navigateurs jusqu'à ce jour, la France a été appelée à partager, avec les autres nations, le commerce de cette partie du globe. Commerce libre, facile, exempt de toutes les tracasseries que l'on rencontre dans les pays de haute civilisation, et qui réalise parfaitement cette idée, poursuivie par nos premières intelligences d'Europe, qui est appelée *libre échange.*

Le caractère de l'esclavage est, comme nous avons été à même de le reconnaître, la base fondamentale de toutes les sociétés africaines. L'Europe aura besoin de bien des siècles pour arriver à inculquer à ces peuples la religion du Christ, qui, délivrant l'homme de la servitude, le place au 'rang que Dieu lui a assigné sur la terre, heureuse si elle pouvait, dans un temps donné, civiliser les peuplades riveraines. Mais il est à craindre que bien des siècles s'écouleront encore sans que l'on puisse y parvenir.

La stupidité de la race noire, quoi qu'en puissent dire certains négrophiles qui ne l'ont étudiée qu'à la surface, ou dans leurs cabinets, est, en général, telle que la transition de son état d'abrutissement, d'indolence et de paresse où elle est aujourd'hui, à celui de la civilisation que donne la connaissance de la religion chrétienne, ne pourra jamais peut-être s'opérer entièrement, et cela, malgré tout le dévouement et la persévérance des amis de l'humanité et surtout de ces bons et dévoués missionnaires, qui vivent déjà au milieu de plusieurs peuplades de l'intérieur et dont le courage et la persévérance ne se rebutent pas, quoiqu'en butte à toute sorte de dégoûts, de privations et de misères. Les noirs en général portent avec eux le cachet de la stupidité la plus profonde, et, bien que pris isolément ils soient susceptibles de pouvoir recevoir une éducation plus ou moins complète, qu'ils aient même quelques dispositions pour les arts mécaniques, l'on verra, si on les étudie de près, que réunis en masse on ne peut rien espérer d'eux, surtout dans le pays où ils sont nés. Si on veut faire quelque chose de ceux qui paraissent intelligents, il faut les séparer de leurs semblables et les éloigner de leur patrie. Leur nature, leur caractère, le climat le plus chaud du globe, tout contribue en Afrique à détourner ces peuples de notre civilisation. Il faudrait qu'une main divine changeât tout à coup leur organisation, ou qu'une invasion européenne s'étendît sur la surface de cette partie du monde, ce qui est physiquement et moralement impossible.

Un fait digne d'attention et qui prouve que cette race est peu faite pour la civilisation de la race blanche, c'est que les noirs sont, dans l'intérieur de l'Afrique et sur une partie du littoral, ce qu'ils étaient à la création ; ils n'ont presque franchi aucune des limites de l'état de nature et de barbarie dans lequel vous les trouvez, quand vous voyagez dans ce pays.

Les peuples d'une autre race ont fini par passer de l'état sauvage à celui de civilisation, mais le noir, on le retrouve aujourd'hui ce qu'il était lorsque les premiers Arabes l'ont visité. Il regarde ce qui se passe autour de lui avec cette indifférence inhérente à sa nature, et conserve cet état d'abrutissement et d'indolence, dans lequel il aime à passer sa vie ; travailler est pour l'Africain le plus grand des maux.

Les Maures, leurs voisins, leur ont présenté et offert depuis tant de siècles une civilisation qui aurait dû les tenter, ils y sont restés indifférents ; et bien que leurs relations avec ces peuples se soient très-étendues, que le marabout ait porté jusqu'au fond de l'Afrique les versets du Coran, ils sont restés les mêmes, ils ont reçu et donné, se sont créé quelques besoins, ont augmenté par là leurs échanges sans chercher à imiter en rien leurs voisins.

Il y a peut-être six mille ans qu'ils vendent leurs esclaves, ou qu'ils les égorgent quand ils en sont embarrassés, en l'honneur de leurs idoles. Eh bien ! voilà à peu près quelle a été jusqu'à ce jour toute leur civilisation, et cependant la nature a été prodigue pour ces peuples ; ils foulent une terre couverte d'or, sous un ciel d'un heureux et bienfaisant climat, qui leur offre tous les éléments de félicité ; s'ils étaient industrieux et laborieux, quel pourrait être leur bien-être matériel occupant un sol si fertile et si admirable par ses productions et par la variété de ses richesses ? Malheureusement cette terre est habitée par des hommes qui n'ont aucune idée de progrès et dont le bonheur est de vivre dans la paresse la plus dégoûtante.

Telle est la race noire, à peu d'exceptions près, depuis les rives du Congo et du Niger jusqu'à celles de la mer Rouge, et depuis les limites du désert de Sahara jusqu'au cap de Bonne-Espérance.

Sur cette côte d'or que nous allons parcourir, nous avons vu plusieurs noirs qui avaient été envoyés fort jeunes en

Europe, où ils avaient reçu une éducation aussi complète que celle de nos enfants, revenir à l'âge de dix-huit ou vingt ans dans leur pays. Eh bien ! on devait croire que ces jeunes gens auraient continué de vivre à l'europenne, et suivre les maximes de cette éducation, et les habitudes que dix ou douze ans de séjour en Europe avaient pu leur donner de nos mœurs, surtout à un âge où elles s'inculquent facilement; qu'ils devaient avoir oublié tout à fait les habitudes de leurs pères, et être entièrement hors des atteintes d'une tendance vers la vie à demi sauvages dont ils ne conservaient peut-être plus le souvenir. Erreur, arrivés sur le sol africain, ils abandonnaient peu à peu les mœurs des Européens et reprenaient celles de leurs semblables. Ils laissaient de côté l'étude, la morale, la religion et ses pratiques, enfin toutes les règles de conduite des hommes civilisés et adoptaient petit à petit la manière de vivre de leurs frères. Au bout de quelques années, ils étaient pires que ceux qui avaient vécu sur le sol natal, pires sans doute, puisque avec tout l'abandon de mœurs des autres noirs, ils mettaient dans leurs actions un certain raffinement d'astucité et de licence toujours inconnus des peuples très-près de l'état de nature.

Qui sait si, après beaucoup de temps, de peines et d'existences sacrifiées dans un pays où le climat devient parfois meurtrier pour la race blanche, on pourra, comme en Amérique, parvenir un peu à la civilisation des peuples du littoral ? C'est une question que nous soumettons aux hommes d'expériences, à ces vrais amis de l'humanité qui consacrent leur vie à l'amélioration des peuples qui sont encore en pleine barbarie, et dont le nombre est si grand parmi les races plus intelligentes que celle des noirs. La race blanche, après des siècles, absorbera-t-elle la race noire riveraine, comme elle a absorbé la race caraïbe ?

Ceux qui citent les colonies établies sur la côte d'Afrique, telles que Sierra-Léone, Mésurado et toutes celles de la Côte-d'Or, comme étant déjà très-avancées, ne les ont

probablement pas vues par eux-mêmes, ou les ont visi-
tées trop rapidement ; car ils nous diraient, au contraire,
qu'à l'exception de quelques Européens, des hommes de
couleur et quelques noirs des plus intelligents qui s'occupent du commerce, tout le reste de la population agglo-
mérée vit à peu près comme si elle était encore au milieu
des forêts. Que tout auprès de ces points, où la civilisation, nous dit-on, marche à grands pas, on trouve l'Africain
vivant dans sa hutte et sacrifiant à ses dieux. Nous, qui
avons vu de très-près ces progrès tant vantés, qui avons
été pendant longtemps en contact avec ces pauvres peuplades, nous ne pouvons être d'accord avec la plupart des
voyageurs qui écrivent l'histoire d'un pays dans leurs cabinets en compilant des erreurs. Décrire les pays, les mœurs
et l'état des peuples, c'est s'imposer l'obligation de dire la
vérité, et pour la dire il faut avoir vu de ses propres yeux,
pendant un temps nécessaire, en vivant au milieu de ces
peuples ; il faut de plus l'indépendance des idées, aucun
intérêt personnel et la connaissance parfaite des lieux ; alors
seulement l'on pourra écrire une histoire vraie et utile pour
le public et pour le gouvernement. Mais ce n'est pas en
visitant ces contrées à vol d'oiseau que l'on peut y parvenir ; ce n'est même pas en parcourant la côte sur des na-
vires de guerre qui, la plupart du temps, ne visitent que
les points principaux en y restant le moins possible, parce
que le climat est malsain. Aussi est-on tout étonné, après
avoir lu certaines relations, de ne trouver rien de semblable quand on va soi-même visiter avec soin ces lointains
et curieux pays.

Les Anglais et les Hollandais, à qui appartient entièrement cette belle Côte-d'Or, travaillent d'un commun accord et d'une manière sérieuse à la civilisation des peuples
fantis et achantis, voisins et aujourd'hui amis de ces nations ; ils sont parvenus à avoir des relations intimes avec
les peuples du littoral et de l'intérieur, lesquels croient
être placés sous leur domination. Depuis que la paix

dure, cette manière de vivre leur a été assez facile, parce que les Achantis et les Fantis sont les noirs du Soudan les moins sauvages, et que les habitants du littoral de la Côte-d'Or sont aussi les plus avancés en civilisation, à cause de leurs longues relations avec les Européens; que ces peuples du littoral ont, avec les Fantis et les Achantis, des relations établies depuis plusieurs siècles, et que leur capitale est un des premiers marchés africains.

Ces deux nations européennes ont, sous la conduite des missionnaires méthodistes de la société de Waslesley, fondé des établissements sur les principaux points de la Côte-d'Or pour l'instruction des jeunes noirs des deux sexes. Ils ont obtenu aussi du roi des Achantis de bâtir une église et d'établir une école à Comassi, capitale de ce royaume. Dans ces derniers temps, le roi Quaco-Duha leur avait même permis d'instruire publiquement son peuple en échange de la protection de son autorité.

Voilà déjà plus de vingt ans que ces bons missionnaires sont à l'œuvre, sans avoir fait beaucoup de prosélytes; ils ont, il est vrai, un peu adouci les mœurs des noirs du littoral, mais ils sont bien éloignés de voir leurs missions apostoliques prendre les développements auxquels ils auraient dû s'attendre, surtout là où des Européens sont établis.

Les écoles du cap Coste, d'Elmina, de Annamboë, etc., sont très-bien organisées; elles ne manquent pas d'enfants des deux sexes, mulâtres et noirs, qui reçoivent jusqu'à l'âge de treize ou quatorze ans l'instruction religieuse et civile pour faire d'eux de bons pères de famille et de bons citoyens. Mais sait-on ce qui arrive dès que ces enfants sont adolescents? Ils s'échappent de ces écoles et vont vivre comme leurs père et mère. Peu à peu ils finissent par oublier ce qu'ils ont appris, et après un certain temps ils deviennent aussi indifférents que ceux qui n'ont reçu aucune instruction. Les garçons sont remplis de vices, la paresse et le luxe les dominent, et les filles cherchent dans la prostitution publique ou particulière, ce dont elles ont besoin pour satisfaire leurs goûts et leurs désirs sans être obligées de se livrer au travail.

Dans tous les établissements de la Côte-d'Or, on voit malheureusement cette dégénération s'accomplir sans pouvoir y apporter remède ; ces pauvres missionnaires gémissent de leur insuccès, mais ne se découragent pas. Et chose remarquable, de tous les noirs et mulâtres qui savent lire et écrire, qui sont constamment en relation avec les Européens, qui vivent presque comme eux, qui s'occupent de commerce ou des arts mécaniques les plus nécessaires, à peine en trouverait-on dix sur cent, qui suivent à peu près les règles sociales qu'on leur a apprises et qui s'y conforment soit par goût, soit par imitation ou enfin par respect humain. Bien certainement ils se croiraient trop malheureux de vivre ainsi ; ils gardent ce qui leur convient de l'éducation européenne et reviennent peu à peu aux anciennes habitudes qui sont dans leurs goûts naturels et qu'ils ont sucées avec le lait qui les a nourris.

Ensuite, avec la tendance qu'a l'Africain de revenir à sa première manière de vivre, il est un autre motif qui exerce sans nul doute une plus grande influence pour arrêter chez ces peuples la civilisation européenne et les progrès du christianisme, c'est l'influence des marabouts.

Le mahométisme, comme nous l'avons vu, a pénétré dans toute l'Afrique ; il est arrivé jusqu'au bord de l'Atlantique ; les marabouts maures sont venus prêcher la religion du Prophète, et expliquer les versets de leur livre sacré à tous les peuples du pays du Soudan et de la côte de Guinée. Ils ont établi, partout où ils ont passé, des néophites noirs, marabouts comme eux, comme eux fanatiques et superstitieux, qui ont travaillé avec une persévérance inouïe à la propagation de cette doctrine. Elle s'est donc étendue jusqu'au sud de l'équateur, et l'on rencontre des propagateurs de cette croyance dans toutes les peuplades, chez tous les chefs et à la cour des rois, depuis le Congo jusqu'au bord du désert de Sahara.

L'islamisme est une religion plus appropriée au caractère des noirs ; elle brusque moins leur manière de vivre en ce qu'elle ne leur enlève pas une des principales jouissances qu'il leur serait trop pénible de quitter en embrassant la doctrine du Christ. Les marabouts qui viennent à l'intérieur leur expliquer les versets du Coran sont ou des Maures ou des noirs qui parlent leur langue, qui vivent comme eux, ne froissent presque aucune de leurs coutumes, ne changent à peu près rien dans leur manière de vivre. Ils doivent donc plus facilement se laisser entraîner par leurs prédications que par celles des missionnaires, hommes d'une autre couleur et d'un autre pays, plus sévères et paraissant aux yeux des noirs intolérants et orgueilleux. La discipline sévère à laquelle ils veulent les soumettre leur paraît dix fois plus pénible que l'esclavage, bien au-dessus de leur force morale et de leur intelligence ; une doctrine d'autant plus antipathique, qu'elle commence tout d'abord par supprimer la pluralité des femmes chez un peuple où la polygamie a commencé avec leur état social.

Pour eux, le missionnaire blanc est un aventurier qui a quitté son pays dans un but caché ou d'intérêt personnel ; car, disent-ils, s'il en était autrement, viendrait-il d'aussi loin trouver aussi facilement la mort dans un pays comme le nôtre ? Cette idée, qui leur est insinuée par les marabouts, leur paraît d'autant plus juste que ces pauvres missionnaires sont obligés de prendre toutes les précautions possibles pour combattre ce climat meurtrier, en vivant avec une grande sobriété et du mieux qu'ils peuvent. Cette manière d'être, bien opposée à celle des docteurs du Coran, est d'autant plus précieuse pour ces enfants de la nature, qu'établissant presque toujours leur jugement par comparaison, ils voient, d'un côté, le missionnaire blanc, si différent d'eux, et, de l'autre, ce Maure ou ce noir, vivant comme eux, habillé comme eux, ayant presque les mêmes habitudes et de plus leur enseignant un dogme plus facile et bien plus en rapport avec leurs idées, que doivent-ils faire ? Leur choix n'est pas douteux.

La morale de toutes les religions étant à peu près la même pour l'homme qui est près de l'état de nature, sachant cependant fort bien distinguer le bien du mal, il choisit, entre deux croyances, naturellement celle dont le dogme est plus conforme à son caractère, à son état social et plus facile à suivre. Aussi, nous le disons avec regret, l'islamisme avance à grands pas vers les rives océaniques de la côte occidentale d'Afrique, et le christianisme, comme une plante exotique, s'étiole et meurt !

Telle est cette côte de Guinée au point de vue philosophique. Si on la côtoie, depuis le détroit jusqu'aux plages encore inconnues au nord du cap de Bonne-Espérance, on trouvera la race noire à peu près dans le même état, suivant les mêmes influences, ayant les mêmes mœurs et vivant de la même manière ; elle ne diffère dans ses habitudes que par les pratiques plus ou moins sauvages et barbares.

Ce qui forme le caractère d'un peuple, a dit un grand philosophe, c'est sans contredit la religion ; or, avec celle que professent ces peuples, mêlée de paganisme, d'athéisme et d'islamisme, ils sont superstitieux et par conséquent ou timides et indolents, ou fanatiques et scélérats ; et, en effet, c'est ainsi qu'on les rencontre sur ce vaste littoral et que les ont trouvés les voyageurs qui ont parcouru l'intérieur.

La croyance qu'ont tous ces peuples à un génie supérieur, maître de toute chose, paraît générale ; elle est, à la côte de Guinée, chez les peuples achantis, fantis, foulahs et autres, la base fondamentale de leurs religions. Les uns l'appellent yankumpon ou grand ami, yankum, grand ou bon ami ; les autres ichmi de Jeh, faire un moi. C'est le maître de la nature qui, après avoir tout créé, tout ordonné, a complété son œuvre par l'homme. Ces deux divinités n'ont qu'une même essence, et les noirs qui, en général, les placent dans le soleil, adorent cet astre et ne lui font aucun sacrifice.

Les idées primitives, reposant toutes sur cette intelligence supérieure que tous les hommes, à quelque échelon de l'état social qu'ils appartiennent, reconnaissent et adorent dans les objets qui frappent le plus leur âme, ont dû, chez les noirs comme chez les autres hommes, près de l'état de nature, leur faire croire que c'était dans cet astre que résidait le maître de l'univers.

Mais, après cet être suprême, génie bon et père de la nature, trop incompréhensible pour des êtres créés, les hommes ont placé des génies bons et mauvais, intermédiaires entre eux et le grand être, pour apporter aux enfants de la terre le bien ou le mal attachés à leur nature et à leur existence passagère.

Le génie du mal étant le seul à craindre, les noirs n'adressent qu'à lui des prières et lui font des sacrifices ; dans leur simplicité native, ils disent que le bon génie étant bon, pourquoi le craindre et pourquoi le prier ?

C'est donc sur ces principes généraux que les noirs des différentes peuplades du littoral établissent leurs croyances et leurs pratiques religieuses. Nous les décrirons au fur et à mesure que nous nous arrêterons chez chacune d'elles.

Ce vaste pays est divisé en une foule de royaumes tant dans l'intérieur que sur le littoral ; il est difficile d'en assigner les contours et les limites. Toutefois, il en est quelques-uns qui ont conservé leurs anciennes circonscriptions, ainsi que leurs noms traditionnels, d'autres ont pris les noms de leurs rois. Tous les voyageurs qui se sont égarés dans l'intérieur de ce pays, en deçà des monts Kong et de la côte, n'ont pu que les tracer approximativement. La géographie de cette partie du globe est presque aussi incomplète que l'ancienne. La Côte-d'Or est la seule partie qui jusqu'à ce jour soit bien connue.

La carte qui en a été faite, que nous publierons plus tard, comprend tout le pays dont nous décrirons le littoral, jusqu'à la chaîne de montagnes indiquées. Nous croyons pouvoir assurer que c'est la seule qui soit exacte et qui représente le mieux les divisions de la surface qu'elle embrasse.

Cette carte a été dressée par John Beecham et corrigée plus tard par les observations des missionnaires et des voyageurs qui ont visité ce pays en deçà des montagnes Kong, et principalement les royaumes des Achantis, des Fantis, de Dahomet et des Foulahs, dont la Côte-d'Or sert presque de limite vers l'Océan.

Le royaume des Achantis est un des plus étendus ; ses limites naturelles sont la rivière d'Axim et le Riovolta, qui l'encadrent à l'est et à l'ouest. Au nord ce sont les montagnes Kong, et au sud le royaume des Fantis près du littoral de l'Océan formant la Côte-d'Or.

La capitale est Comassi, ville assez grande et rendez-vous des caravanes de l'intérieur.

C'est la résidence du roi Quaco-Dua, qui gouverne tout ce vaste pays, ainsi que quelques petits royaumes limitrophes, ses tributaires et ses vassaux.

Cette ville, qui contient soixante à quatre-vingt mille habitants, est aussi bien bâtie que les jolis villages du littoral : le palais du roi est immense.

Elle a un commerce très-étendu avec toute la Côte-d'Or et l'intérieur de l'Afrique. Toutes les villes les plus considérables du Soudan, et Tombouctou en particulier, y envoient leurs caravanes. L'on y voit beaucoup d'Arabes, et les marabouts ont établi des écoles où l'on enseigne l'arabe et le Coran.

Pendant les huit mois de la belle saison, les foires et marchés qui s'y tiennent sont considérables ; les produits d'Europe, achetés par ces peuples commerçants sur les comptoirs de la Côte-d'Or, sont échangés contre la poudre d'or, l'ivoire, et une foule d'autres objets à leurs usages que leur apportent les peuples des deux côtés des montagnes.

Ces foires et ces marchés commencent après le Rama-
dan, ou avec la saison sèche ; car il leur serait impossible,
pendant les saisons des pluies, de traverser cet immense
pays en partie inondé, pendant cinq mois de l'année, par
les eaux des fleuves qui sortent dans cette saison de leurs
lits.

Les royaumes des Achantis, des Fantis, des Foulahs,
et leurs tributaires, se subdivisent en peuplades, villes et
villages.

La hiérarchie est établie de la manière suivante : le roi
du royaume, dominateur ; les ducs, pour les tributaires ; les
cabocères, pour les peuplades, et les captans pour les villes
et villages.

Dans l'intérieur, au-delà des monts, le titre de roi se
change en celui de sultan ; celui de cabocère, en celui de
scheïkh, et celui de captan est général presque partout.

Les cabocères sont libres ; la plupart des captans sont
des affranchis, tout le reste est à peu près esclave.

Les affranchis et les esclaves, favoris des rois, ont aussi
des esclaves qu'ils peuvent vendre ; ce sont ceux que l'on
apportait généralement aux marchés établis sur le littoral
et où les négriers allaient faire leurs chargements. Ces pauvres esclaves sont presque tous des prisonniers de guerre,
des otages et des esclaves venus de bien loin, et qu'achètent
ces affranchis et cabocères, et souvent les rois et les chefs,
pour les vendre après aux marchands d'esclaves du littoral. C'est ce qui faisait dire au roi des Achantis, qu'il ne
défendait pas à ses sujets d'acheter des hommes de l'intérieur et de les vendre ensuite aux blancs.

On voit par là que la servitude est générale en Afrique,
et que la vente des esclaves s'y pratique à peu près comme
il y a peu de temps encore à Constantinople, à Smyrne et
dans d'autres villes des pays ottomans. La traite des noirs,
dans son origine, n'a pas été seulement la principale cause
de cette infâme coutume, puisqu'avant qu'il y eût des nè-

griers sur la côte d'Afrique, il y avait des marchands d'esclaves.

Honneur aux gouvernements d'Europe qui se sont unis
pour accomplir un acte d'humanité envers la race noire !
Mais il est malheureux que les hommes généreux de tous
ces gouvernements n'aient pas tourné plutôt leurs re-
gards vers des pays plus voisins, où leur semblables, les
blancs, étaient vendus publiquement sur les marchés du
levant, comme des bêtes de sommes. C'est ainsi cependant
que les choses humaines marchent sur cette planète; on
défendait avec raison l'achat des noirs, avec le but de les
soustraire à la hache d'un bourreau africain, et on laissait
vendre les blancs pour servir aux plaisirs luxurieux des
heureux de la terre !..... Heureusement ces temps sont
passés.

Des philantropes de plusieurs pays ont dit que la traite
était une chose infâme ; qu'elle était contraire à la morale,
à la religion, à l'humanité, et qu'elle offrait un aliment à
la cupidité des chefs noirs des peuplades sauvages de l'A-
frique; que c'était cet appât du lucre qui faisait que les
chefs vendaient leurs semblables et qu'ils jetaient, ainsi,
les peuplades de l'intérieur dans une discorde et une guerre
perpétuelles.

Nous repoussons avec eux cet hideux et infâme trafic de
chair humaine ! Honte et opprobre à ceux qui s'y livrent
encore et qui vont dans telle partie du monde que ce soit
vendre ou acheter leurs semblables, de quelque couleur qu'ils
puissent être : cependant nous ferons remarquer que la
traite n'était pas la seule cause des guerres constantes
entre les peuples de l'intérieur. La guerre existait avant la
traite, et si l'on voyage chez les peuples sauvages en général, on verra que la guerre semble être l'état normal des
peuplades les plus barbares. Seulement en Afrique, avant
la traite, les sacrifices humains détruisaient presque tous
les prisonniers qui tombaient au pouvoir du vainqueur ;
avec la traite, les prisonniers étaient vendus aux blancs, et

ils pouvaient, au lieu de mourir par le glaive d'un atroce sauvage, vivre esclaves, il est vrai, mais devenir, au bout d'un certain temps, hommes libres et civilisés.

Le noir en Afrique est la propriété du noir. D'un autre côté l'esclave africain ne quittera jamais son pays que par force, et lorsque le maître qui l'aura vendu, lui aura dit qu'il est la propriété du blanc ; aucun noir esclave ou libre ne s'engagera au service des blancs pour aller dans un autre pays. Ils savent que c'est pour y travailler, et cette idée seule leur répugne tellement que beaucoup préfèrent se donner la mort ! Les engagements volontaires sont donc impossibles à la côte occidentale d'Afrique et, de quelque manière qu'on puisse les faire, ils ne le seront jamais que de nom. N'avons-nous pas vu comment les Anglais les pratiquaient à Sierra-Léone ?

Quels sont donc alors les moyens qu'emploieront nos philantropes pour arracher au glaive et à la torture de la mort ces pauvres Africains que l'on immole tous les ans ?

Pour nous, malgré notre répugnance à voir vendre ceux de notre espèce, nous ne voyons pas d'autres moyens pour les sauver que de les engager, et ensuite, après un certain temps, les rendre libres ; mais qu'est-ce après tout que ce moyen ? n'est-ce pas la traite ? Oui, mais la traite sans esclavage, laissant à ces pauvres créatures l'espérance d'un avenir plus heureux après un certain temps d'épreuves ; temps utile et nécessaire pour les préparer à la vie d'hommes libres, et leur apprendre que les bienfaits de la liberté ne peuvent avoir lieu que chez un peuple sage, éclairé et laborieux.

C'est le devoir des nations civilisées, c'est la charité du christianisme qui commande impérieusement et sans relâche d'aller arracher à la barbarie et à la sauvagerie de ces peuples leurs nombreux esclaves. Cette mission nous semble la plus honorable de la part des blancs, quel que soit le moyen qu'ils devraient employer. L'humanité tout entière applaudirait, pourvu qu'ils arrivent à racheter et sauver des souffrances de la mort des malheureux d'une autre race, mais appartenant à la grande famille humaine.

L'autorité des rois ou sultans est absolue; ils ont droit de vie ou de mort sur tous ceux qu'ils gouvernent; leurs prêtres mêmes n'en sont pas exceptés. Aussi savent-ils s'en venger quand ils le peuvent.

Nous ne savons pas si au-delà des monts Kong il existe des républiques, des oligarchies ou des théocraties, comme le rapportent certains voyageurs, mais sur le littoral et à cinquante lieues dans les terres, tous les gouvernements, depuis Mésurado jusqu'au Gabon, nous ont paru des monarchies absolues.

Les ducs, les cabocères, les captans, les affranchis paient un tribut au roi des Achantis, et, comme partout, lorsque la guerre vient à éclater avec leurs voisins, ils sont obligés de mettre sur pied autant d'hommes de guerre qu'ils peuvent, et de marcher à leur tête.

La vanité étant un mobile puissant chez tous les hommes, ces noirs la poussent aussi loin qu'ils le peuvent; ils arment autant d'esclaves valides qu'ils en ont, et, fiers de commander un plus grand nombre de soldats que leurs collègues, ils viennent, pleins d'orgueil et d'enthousiasme, se mettre, au premier appel, sous les ordres de leur roi.

Le plus souvent c'est le roi qui commande les armées en personne; à défaut, c'est le chef qui a la réputation d'être le plus courageux et le plus capable.

Pendant la paix les esclaves vivent séparés du maître, et sont libres de faire ce qu'ils veulent. Ils n'ont qu'à lui payer en nature une espèce de tribut, déterminé pour chacun d'eux, mais il faut qu'ils soient constamment présents et à la disposition du maître, qui les fait avertir quand il a besoin d'eux; alors, il n'ont plus rien à lui payer et ils sont nourris par lui.

En apparence, les peuples paraissent jouir d'une grande liberté, l'on pourrait supposer qu'ils sont libres; ce n'est que lorsque l'on voit toute l'étendue du pouvoir du maître que l'on peut dire avec raison qu'ils sont aussi esclaves que les bêtes, et qu'ils se trouvent l'entière propriété du chef.

Les rois et les chefs ont des esclaves favoris qui sont souvent leurs ministres ou leurs confidents; ils les affranchissent et les choisissent pour leur succéder. Ces esclaves ne sont pas toujours nés dans la maison du maître, ils peuvent être enfants d'une autre tribu, achetés ou reçus en présent; ce n'est donc pas toujours le frère ou le neveu qui succède au roi ou au chef; il semblerait que ces peuples ont connu cette maxime d'Abraham : « Celui qui est né dans ma maison est mon héritier, » car beaucoup d'entre eux ont des chefs d'une semblable origine.

Sur tout le littoral et chez quelques peuplades de l'intérieur, les chefs qui ont un grand nombre de femmes ne les tiennent pas entièrement enfermées; elles ne sont pas non plus sous la surveillance des eunuques. A Comassi, Dahomet, et autres villes du Soudan un peu moins considérables, on commence à prendre cet usage. Les eunuques sont entièrement mutilés. Le chef des eunuques jouit de nombreux avantages et a l'entière confiance de son maître.

La première marque d'opulence chez les peuples afrifricains, c'est de posséder un grand nombre de femmes; la richesse ne vient qu'après.

Le roi des Achantis en a, dit-on, 3,333. Nous n'avons jamais pu savoir pourquoi Quaco-Dua s'était arrêté à ce nombre cabalistique, ou quelle idée mystique il pouvait y attacher.

Celui de Dahomet en a un nombre bien plus grand, puisqu'il a formé un bataillon sacré de femmes qui lui rend de bien grands services et auquel, sans doute, il a dû plus d'une fois sa sécurité et la conservation de son autorité : il se compose d'environ 4,000 de ces amazones noires, dont la valeur guerrière est bien au-dessus de celle des hommes. Elles vivent dans le plus complet célibat.

L'héritier du roi entre également en possession du sérail de son prédécesseur, mais il ne garde que les femmes qui sont jeunes et jolies, vierges, ou pas encore nubiles; les autres, il les marie à des chefs qui se croient très-honorés d'une pareille faveur.

Après l'avénement du roi, la première de ses femmes qui lui donne un enfant mâle devient sa favorite; elle demeure toujours la première du sérail, surtout si elle est assez heureuse pour avoir un de ces embonpoints tant appréciés par les noirs; aussi fait-elle tout son possible pour y parvenir: il en est qui arrivent à un état d'obésité incroyable.

Les femmes, chez les noirs, jouissent de plus d'indépendance et de considération que l'on ne pourrait le supposer. Les favorites et les sœurs des rois et des chefs sont toujours consultées dans les grandes occasions.

On conçoit du reste que des hommes qui passent les trois quarts du temps auprès de leurs femmes pour qui elles sont un luxe, une nécessité, soumettent presque toutes les actions de leur vie à ce sexe qui est partout, plus ou moins, le confident intime de l'homme et qui devient en général son meilleur ami. Aussi, le rôle de la femme chez ces peuples est très-étendu, et ces despotes efféminés sont souvent les esclaves de leurs favorites ou de celles qui ont le plus d'ascendant sur eux.

La sœur aînée du roi se consacre généralement à la direction du harem; elle siége dans les conseils du roi et a un pouvoir absolu sur ses femmes et les eunuques; rien ne se fait sans son ordre.

La condition du célibat étant celle de la majeure partie des esclaves, on comprend alors la surabondance des femmes dans ce pays. Ce sont donc les chefs et les noirs de conditions libres qui jouissent des avantages et des douceurs de la polygamie. Le pauvre et malheureux esclave est la bête brute que l'on réduit à la privation d'avoir même une compagne, que l'on condamne à tout jamais à ne point goûter les douceurs si naturelles d'époux et de père, comme si la nature pouvait être marâtre pour une partie de ses enfants! Aussi ces tyrans barbares, esclaves eux-mêmes de ce sexe qu'ils asservissent à leur basses passions, en ont-ils un nombre beaucoup trop considérable et que l'on ne nourrit qu'avec peine.

Si dans la classe élevée la femme paraît jouir de beaucoup de considération, esclave, il n'en est pas de même; elle est, dans cette condition, la plus misérable de toutes les créatures, supportant toutes les fatigues et les douleurs amères, sans avoir presque un instant de repos et de satisfaction. Si, au sommet des sociétés africaines, la femme est protégée, consultée, adorée même, à la base de l'état social, elle est réduite à la condition la plus servile et la plus abjecte; elle n'est dédommagée de toutes ces misères, de toutes ces souffrances, que par l'attachement du pur instinct de ses jeunes enfants, quand elle a encore le bonheur de ne pas en être privée dès l'âge le plus tendre. Pauvre mère!... ta condition n'est guère, hélas! au-dessus de celle d'un animal domestique.

Le noir esclave ne connaît presque jamais que sa mère; le père pour lui est un être souvent inconnu auquel il ne doit rien. Elevé dans la maison de son maître, à son service dès l'âge de trois ou quatre ans, il a grandi et a été caressé, quelquefois, par ce maître capricieux qu'il appelle toujours son père. Il ne voit donc que sa mère, n'a d'affection que pour elle; c'est elle seule qui le protège. Mais bien souvent, dès que l'âge et la force lui ont donné les moyens de se passer des soins maternels, il s'en éloigne petit à petit, et, homme, il n'a pour cette pauvre créature qu'un attachement purement instinctif.

C'est l'inverse pour le noir libre; celui-là, né dans le sérail, sorti très-jeune d'auprès de sa mère, ne voit plus que son père, et, se trouvant privé de celle qui lui a donné le jour, il se détache peu à peu de tout lien maternel.

La prostitution est ouverte sur toute la côte, il en est de même dans l'intérieur comme sur le littoral; il paraît qu'elle fait partie de l'hospitalité que l'on retrouve chez les noirs, comme chez les Grecs au bon vieux temps d'Homère ; ce serait insulter à cette hospitalité que de refuser la sœur, la fille ou l'esclave du chef, et cette marque de mépris ne vous est pas pardonnée.

Cependant l'adultère est puni très-sérieusement et avec sévérité. Dans plusieurs peuplades, la femme adultère est condamnée à mort ; si elle a commis son crime avec un esclave, l'esclave est vendu ou immolé ; si c'est avec un homme de condition libre, celui-ci peut éviter le supplice de sa complice en payant une forte amende au mari, mais il ne peut jamais lui éviter la correction terrible qui l'attend au domicile conjugal.

Les honneurs funèbres faits avec beaucoup de pompes pour un homme libre, sont nuls pour la négresse de quelque condition qu'elle soit. Elle est enterrée presque sans bruit ; seulement, les esclaves de son sexe se pressent autour d'elle pour lui voir rendre le dernier soupir, et l'honneur d'être auprès de la moribonde, surtout quand c'est une femme de condition libre, est si grand à ce moment suprême pour les femmes esclaves, que bien souvent la pauvre patiente meurt suffoquée, tant on se presse autour d'elle à ce dernier moment. Les femmes seules assistent à son inhumation.

Les villes et villages de la Côte-d'Or, ceux de l'intérieur, ainsi que les résidences des rois, sont des agglomérations de baraques, placées avec assez de régularité, et bâties d'un mélange de boue et de paille, formant un mortier qui durcit au soleil dans peu de temps, et acquiert une très-grande solidité.

Ces habitations n'ont généralement qu'un étage ; cependant, aux comptoirs européens, il en est beaucoup qui en ont deux ; elles sont recouvertes avec des feuilles de palmier : cette toiture dure plusieurs années. Les habitations sont bien blanchies et peintes en jaune ou en rouge. Elles sont de formes carrées, rectangulaires ou rondes, construites sans régularité; cependant celles des chefs de village et des traitants, imitées des maisons à l'européenne, sont assez bien divisées. Elles se composent généralement de deux pièces dans la partie principale et de plusieurs petites cases adjacentes à droite et à gauche, servant de magasins. Dans le fond, sont les cases des gens de la maison; le logis principal a deux galeries, une sur le devant l'autre sur le derrière, dans une cour fermée par la réunion de toutes ces constructions.

Quand les chefs ont un nombreux personnel d'esclaves à leur service, ils leur font bâtir des petites cases tout autour, ce qui donne quelquefois à ces habitations une étendue considérable. Elles sont entourées d'un mur en terre et puis ensuite d'une haie vive; dans l'espace compris entre ces deux enceintes, sont des plantations d'arbres de différentes espèces, mais principalement de cocotiers, de bananiers, d'arbres à pain, etc.; ces murailles et ces plantations les mettent parfaitement à couvert des visites nocturnes des bêtes féroces qui viennent souvent leur enlever leurs moutons, leurs cochons et leurs volailles: ces villages offrent un coup d'œil charmant et très pittoresque.

C'est surtout ceux de la côte, bâtis presque sur le bord de la mer, entourés par un demi-cercle d'une végétation splendide, et ombragés par tant de grands arbres à hautes tiges, formant au-dessus d'eux un massif de verdure, qui semble de loin y être suspendu et dont l'ombrage les garantit des rayons du soleil; derrière, dans le lointain, se déploie une vaste plaine toujours verte, souvent bordée par une chaîne de petites montagnes; devant, une plage d'un sable blanc les sépare de l'Océan et arrête la vague qui vient s'y briser avec fracas et s'étendre en nappe d'écume jusqu'au pied des habitations. Tout cela encadré dans un horizon bleu, aux teintes chaudes et brillantes, forme le plus joli tableau que peut produire une belle nature sous un beau ciel. On ne cesserait d'admirer toutes ces fraîches oasis quand on passe à deux milles d'elles avec un navire poussé par cette bienfaitrice brise du large qui permet, pendant neuf mois de l'année, de parcourir cette côte sans le moindre danger.

Le logement du maître se compose de deux pièces, l'une grande, où l'on reçoit les visiteurs et où se réunissent les hommes libres les jours de grandes palabres ; l'autre plus petite, servant de chambre à coucher et de salle à manger. Il s'y renferme seul pour prendre ses repas, car les chefs aiment à manger sans témoins, sauf cependant les domestiques femelles qui sont spécialement chargées de ce service.

L'ameublement ordinaire se compose de quelques escabeaux de formes assez élégantes et quelques nattes. Il en est cependant qui ont des meubles et des tapis, ce sont les riches habitants noirs ou mulâtres du littoral, mais, dans l'intérieur, ce ne sont guère que les chefs des villages ou les rois qui se donnent ce luxe.

Dans la chambre, leur couche est faite avec des pieux plantés dans le sol, liés ensemble par des traverses assujetties avec des lianes. Au-dessus, on met quelques grosses nattes pour servir de matelas, et puis sur celle-ci des nattes plus fines. Ils ont des coussins faits de peaux tannées de divers animaux ou en paille, assez bien confectionnés.

Un grand bahut renferme tout ce qu'ils ont de précieux, et quelques calebasses.

Tel est, sur une partie du littoral et dans l'intérieur, l'ameublement de leurs chambres à coucher. Les chefs et les hommes libres ont en plus un trépied à la tête de leur lit, pour servir aux sacrifices quand ils sont malades ; au-dessous de ce trépied est représentée assez grossièrement, comme on peut bien le penser, une statue fabriquée avec de la terre glaise, représentant le génie du bien, gardien de la chambre. Sa posture indique le calme et la tranquillité, pour exprimer, sans doute, toute la patience et l'espérance que l'on doit avoir quand on souffre.

C'est sur ce trépied que le grand fétichéro vient sacrifier chaque jour , quand le chef ou le roi est sérieusement malade. Il lit, dans l'inspection des entrailles des victimes, quelles sont les plantes les plus salutaires à employer pour la guérison de son mal. C'est généralement un poulet où un cabris , animaux préférés pour ces sortes de sacrifices. La tête et la queue de ces animaux sont enfilées dans un pieu aigu planté dans le sol, à côté du trépied ; on les y laisse jusqu'à ce que les insectes les dévorent ; quand elles sont disséquées par eux ou par le temps, ils les enlèvent et les apportent dans la maison des sacrifices où les fétichéros en font des gris-gris qu'ils vendent au peuple.

Ayant l'habitude de faire du feu dans leurs chambres pour chasser les moustiques, l'intérieur de cet appartement est noir comme le tuyau d'une cheminée et a plutôt l'apparence d'une boutique de forgeron que d'une chambre à coucher. Il n'y a d'autre ouverture que la porte d'entrée ; l'air s'y renouvelle rarement ; aussi s'exhale-t-il de ce taudis une odeur nauséabonde et infecte. On y respire la putréfaction des restes des victimes sacrifiées, ainsi que la graisse brûlée, le tout combiné avec l'odeur acre des noirs ; c'est à ne pas pouvoir y tenir une minute, surtout quand on est obligé de voir le chef, qu'une indisposition retient dans ce cloaque.

Dans la cour, vers le milieu , est planté un grand arbre que l'on entoure d'une claire-voie couverte de plantes grimpantes, formant une cellule destinée aux sacrifices et à la prière ; on y voit toujours , sur un sol bien sablé, une calebasse, un couteau et un petit autel.

Tout autour de cette cour , sont placés des troncs d'arbres servant de siéges , et à l'endroit faisant face à la porte d'entrée, se trouve une grosse statue en terre, dans la position d'un chasseur à l'affût, tenant un vieux fusil en joue ;

elle représente sans doute les dieux pénates, gardiens de leurs maisons. Une autre statue est placée à l'entrée de la chambre du maître, elle représente le dieu Priape dans une attitude assez peu décente.

Les noirs de la Côte-d'Or, leurs voisins les Fantis et les Achantis, sont les plus avancés dans les arts mécaniques. On trouve chez eux des tisserands, des orfèvres, des forgerons, des fabricants de sandales, des potiers, des tailleurs et des tonneliers; ces derniers sont aujourd'hui les plus nombreux sur le littoral. Tous les métiers sont, il est vrai, encore un peu dans l'enfance, mais ils suffisent aux besoins de ces peuples.

Plusieurs de ces industriels ont leurs ateliers en plein vent et portatifs. Ils vont de village en village exercer leur industrie; quand ils ont ramassé assez pour vivre sans rien faire pendant plusieurs jours, ils reviennent chez eux pour se reposer, mener joyeuse vie, jusqu'à ce qu'ils n'aient plus rien, et recommencer ensuite.

De ce nombre, les principaux sont les tisserands, les forgerons, les bijoutiers et les charpentiers. Le tisserand travaille dans la maison de celui qui l'occupe. Il creuse une rigole dans le sol, et l'ombrage de sa tente en paille, qu'il place sur deux pieux, et là, tout à son aise, il fait aller sa navette, sans que personne le dérange ou le chagrine. Quand il a fini chez celui-ci, il va recommencer chez un autre. Il en est de même de l'orfèvre; mais celui-là, il faut l'obliger à s'installer dans l'intérieur de la case; il est voleur de sa nature; on doit donc le surveiller, sans cela il fabriquerait les bijoux d'or en leur mettant la moitié d'alliage de cuivre. Cela ne l'empêche pas de voler les pauvres femmes qui l'emploient et de se faire à leurs dépens un bon revenu. Aussi il n'a pas besoin de travailler beaucoup, les trois quarts du temps il flâne ou il s'adonne à la boisson. Le forgeron est constamment en état d'ivresse; il est toujours suivi d'un jeune apprenti qui lui apporte, d'un lieu à l'autre, son sac de charbon de bois, ses outils et ses outres pour souffler le feu. Il ressemble assez aux étameurs ambulants calabrais. Il voyage moins que les autres et va souvent de compagnie avec le charpentier ; on en rencontre dans presque tous les villages : il fait des clous, des serrures pour les portes, pour les bahuts, fabrique quelques armes tranchantes et arrange, tant bien que mal, les armes à feu. Les charpentiers sont généralement menuisiers ; ils arrangent les pirogues qui viennent de l'intérieur, qui ne sont jamais achevées et qu'il faut consolider pour le service de la plage. Ils font aussi des portes, des fenêtres, des meubles ; c'est, sans contredit, un des métiers les plus utiles dans ce pays, après, cependant, le tonnelier, qui est aujourd'hui indispensable sur toute la côte, où le commerce de l'huile de palme se fait d'une manière active. Dans l'intérieur, le tonnelier n'est pas connu.

Les chefs et les cabocères, ainsi que les traitants libres, ont, parmi leurs esclaves, des ouvriers pour toutes ces professions, qui travaillent pour leur propre compte, quand le maître ne les emploie pas.

Il se fait à Comassi un commerce d'échange très-étendu avec tous les objets de fabrique africaine. Les caravanes de l'intérieur venant de Tombouctou, d'Ioda, de Buntuku et autres villes d'au-delà et d'en de çà des monts Kong, apportent à Comassi une foule de ces objets qu'ils échangent contre des marchandises d'Europe, en même temps que leur ivoire et leur poudre d'or. Ensuite les caravanes de Comassi viennent aux comptoirs de la Côte-d'Or faire leurs échanges avec les marchands qui y sont établis.

Ces espèces de foires durent pendant toute la belle saison ; les caravanes vont et viennent, mais elles n'amènent jamais les noirs des villes éloignées, afin de leur cacher les avantages qu'ils ont d'être intermédiaires entre les marchands de l'intérieur de l'Afrique et ceux du littoral. Les marchandises les plus convenables pour les échanges sont la poudre, les fusils, les tissus de coton communs, fins et de soie ; les verroteries de toute espèce, les mosaïques surtout ; le corail, les draps rouges, bleus, verts et jaunes, les baguettes de cuivre rouge et jaune, les miroirs, les couteaux-poignards, les ustensiles en fer et en cuivre ; les cawris et enfin cette longue liste d'articles divers que les marchands de Comassi trouvent dans les magasins des négociants d'Elmina, du cap Coste et d'Anamaboë. Parmi ces caravanes qui arrivent de l'intérieur de l'Afrique à Comassi, il en est qui viennent de près de six cents lieues. Nous en avons vu une qui arrivait du pays de Bornou et d'une ville qu'ils appelaient dans leur langue Kokoa, située près d'un grand lac, que nous pensons être le lac Tchad. Ils nous disaient qu'ils avaient marché pendant six lunes pour arriver, en allant toujours vers où le soleil se couche, en inclinant un peu leur route vers la gauche.

Nous vîmes arriver cette caravane à Akim, chez les Fantis ; elle se composait de douze cents individus, des chameaux et des chevaux nombreux pour porter leurs bagages et leurs marchandises qui étaient fort considérables. On nous dit que celle-ci était peu nombreuse et qu'ordinairement celles qui allaient à Comassi avaient quelquefois plus de deux mille individus.

C'est curieux de les voir arriver d'un peu loin, surtout si le pays n'est pas trop boisé. Les noirs se fraient un chemin d'une ville à l'autre à travers les champs, les hautes herbes, et les forêts épaisses. Ces sentiers n'ont généralement que cinquante centimètres de large ; habitués à marcher comme les Indiens d'Amérique, les uns derrière les autres, cette largeur leur suffit. Ces chemins sont bien battus, et, quoique couverts d'eau pendant un certain temps de l'année, les noirs les retrouvent facilement.

C'est par ces voies de communication de village à village, que les caravanes arrivent de si loin.

Que l'on se figure donc deux mille personnes sur une seule file, circulant dans ces immenses plaines couvertes d'herbes, dont la hauteur est de deux mètres et plus, tantôt traversant une forêt, tantôt franchissant une montagne ou bien passant une rivière guéable, et on aura une idée de ces caravanes africaines et du goût qu'ont ces peuples, amenant avec eux leurs femmes et leurs enfants, pour de longs et pénibles voyages.

Ils sont tous armés, tant pour se défendre contre les bêtes féroces que contre les bandes de voleurs qu'ils sont souvent obligés de repousser en les combattant.

Quand la caravane s'approche d'un village, elle annonce son arrivée par des chants d'allégresse. Le chef et quelques guerriers, qui marchent à la tête de la colonne, prennent le devant et vont demander au cabocère ou au chef la permission de passer ou de faire halte.

Ils paient partout un droit de passage, après lequel ils peuvent traverser le village ou camper tout autour. Les principaux marchands sont reçus chez le chef, qui se fait un vrai plaisir de leur accorder une hospitalité complète.

Pendant tout le temps de leur séjour, ce sont des fêtes, des danses, des réjouissances ; le vin de palme et l'eau-de-vie, quand ils en ont, sont distribués largement.

Des voyageurs européens, qui ont voulu pénétrer dans l'intérieur de l'Afrique et dont plusieurs ont succombé aux fatigues et aux maladies, ont pensé que pour arriver au succès de leurs périlleuses entreprises, ils n'avaient qu'à suivre ces caravanes. Malheureusement la nourriture, la fatigue et le climat les ont bientôt décimés.

Ceux qui ont eu le bonheur d'aller dans ces contrées lointaines, n'ont pu nous rapporter que des documents incertains, n'ayant suivi qu'une route tracée à travers des plaines immenses ou au milieu des forêts. Ils n'ont pu étudier le pays qu'imparfaitement, les documents qu'ils auraient pu se procurer leur sont enlevés par les nègres, qui sont très-méfiants ; ils n'ont souvent aucun moyen d'observation, et le pire de tout. c'est l'affaiblissement de leur santé ; leur état presque toujours maladif leur enlève leurs forces et paralyse leur volonté. Il n'en est pas de même du voyageur maure ; habitué à traverser les vastes déserts de l'Afrique, à supporter toutes sortes de privations, il est brisé aux fatigues de ces voyages, et le climat ne pèse qu'à demi sur sa robuste et forte organisation. Le marabout vient de l'Algérie, de Tunis et même de la Mecque.

Le célèbre Dupuis, qui a été longtemps chez les Achantis, qui a parcouru tout le pays du Soudan et qui a habité Comassi plusieurs années, nous dit « qu'il a vu arriver « du fond de l'Arabie dans cette ville trois chérifs du « chérifa impérial, se disant des descendants du prophète. « Que ces trois nobles voyageurs séjournèrent quelque « temps dans cette capitale. Deux d'entre eux s'en retour-« nèrent à Tripoli, en passant par Tombouctou. Ils par-« tirent en emportant de nombreux cadeaux en étoffes et « en bijoux ; l'autre resta un peu plus longtemps, et partit « avec une nombreuse caravane pour l'Arabie, chargé « d'offrir aux mânes du prophète des cadeaux spéciaux « que le roi et les chefs lui avaient donnés. »

C'était sous le règne du roi guerrier Osaï-Tuhu-Quamina que ces voyageurs vinrent visiter les Achantis. Dupuis ajoute qu'il y eut à cette occasion des grandes fêtes, qui durèrent pendant tout le temps du séjour de ces trois Maures.

Clapperton dit, dans son ouvrage, en parlant des caravanes qui viennent de Tombouctou et des principales villes de commerce de l'intérieur de l'Afrique, que les communications des différents marchés de l'intérieur avec la ville de Tombouctou sont journalières, les caravanes vont et viennent, et le commerce de Comassi est très-étendu avec tous ces pays. On voit que la capitale des Achantis, dont les rapports avec les comptoirs anglais et hollandais de la Côte-d'Or sont si bien établis, est un des premiers marchés du Soudan maritime.

Depuis l'époque où ce voyageur a visité le pays achantis, ou depuis qu'il a écrit ses derniers voyages, ces peuples ont beaucoup augmenté leurs relations et leurs échanges avec les marchands du littoral. Si la civilisation européenne n'a pas fait chez eux autant de progrès qu'il était permis de l'espérer, ils se sont du moins créé des besoins qu'ils n'avaient pas alors, et qui les obligent de continuer à augmenter leurs rapports avec nous. Il n'est pas douteux qu'à la longue leurs mœurs se modifieront par le contact journalier qu'ils ont avec leurs voisins, lesquels sont un peu façonnés à nos habitudes, et vivent presque comme nous. C'est ainsi que de proche en proche et par la fréquence de nos relations, le débouché de nos marchandises augmentera, et les produits du sol africain, cultivés par les noirs de l'intérieur, devront aussi aller croissant, et de nombreux échanges pourront s'opérer ensuite; la paix dure déjà depuis plusieurs années, les communications sont plus faciles, les missionnaires se sont établis dans les principales villes de l'intérieur du pays achantis et fantis; ils y vivent à l'européenne et imités, dans ce qui leur convient, par les chefs et les hommes libres, ceux-ci communiquent leurs nouveaux goûts à ceux de l'intérieur qui les visitent tous les ans.

Les noirs sont de grands enfants; ils ont envie de tout, rien n'est cher pour eux quand ils ont de l'or à donner en échange.

Si les plus intelligents du littoral surtout ne veulent pas se soumettre entièrement aux rigidités de nos mœurs ou de notre religion, ils n'en aiment pas moins les objets de luxe ou d'utilité que nous leur apportons et qu'ils appliquent à leur usage. Ainsi ils abandonnent leur grabat pour notre lit plus propre et plus moelleux; ils préfèrent s'asseoir sur une chaise, dans un fauteuil ou sur un sofa que sur un escabeau. Ils n'ont pas abandonné la forme de leurs vêtements, parce qu'elle est plus convenable à leur climat; mais, au lieu de les avoir en paille ou en gros tissu de coton, ils préfèrent qu'ils soient d'un tissu fin ou de soie; et imitant les blancs dans tout ce qui peut leur convenir, ils ne reculent pas devant la dépense. Le roi des Achantis a fait bâtir une maison en pierre; les chefs lui ont demandé la permission d'en faire autant; il s'y est décidé assez difficilement, mais enfin il a fini par leur concéder ce droit, et aujourd'hui, à Comassi, on voit plusieurs maisons construites à l'européenne.

M. Freeman, chef des missions, homme d'un grand mérite, talent persuasif, s'est attiré l'amitié des noirs et surtout du roi Quaco-dua et des chefs, sur lesquels, dit-on, il a une grande influence; mais du jour où cet homme respectable ne conduira plus cette mission, qui sait si ces pauvres missionnaires jouiront de la protection qu'ils ont aujourd'hui [1]?

Les rois et les chefs noirs sont en général méfiants, ombrageux et perfides, faciles à influencer, suivant presque aveuglément les conseils de leurs prêtres ou de leurs femmes, et celles-ci sont toujours sous l'influence des marabouts. N'est-il pas à craindre qu'un jour Quacodua ne chasse de son pays ces sectateurs d'une croyance entièrement opposée à celle du prophète? Puis ensuite, la guerre entre ces peuples et les riverains pourrait bien éclater, et alors il est presque certain qu'ils n'auraient plus de respect pour les missionnaires européens, que les Achantis savent être les protecteurs naturels de leurs ennemis; alors, peut-être, ces pauvres missionnaires seraient chassés, si on ne les égorgeait pas; et le fruit de vingt ou trente ans de prédications, de peines et de dures souffrances, serait perdu tout à fait. Le commerce en souffrirait bien un peu momentanément, mais la religion perdrait presque tout le prestige qu'elle a sur quelques chefs et sur une partie du peuple achantis, soit dans leur capitale, soit dans les autres villes de ce pays où sont des églises et des écoles.

Il faut espérer cependant que les Achantis éviteront d'a-

[1] Nous avons appris depuis peu que ce respectable missionnaire avait succombé à l'intempérie du climat et aux fatigues apostoliques.

voir là guerre avec les habitants du littoral et avec les forts européens, car ils ont aujourd'hui déjà trop d'intérêt de rester en paix, à plus forte raison quand le commerce d'échange avec l'intérieur sera plus considérable. Du reste, ils ont un antécédent de la répression du roi d'Appolonie, qui leur prouve que les noirs du littoral, unis aux Européens, seraient plus forts qu'eux.

La Côte-d'Or produit toutes les plantes et les fruits des autres parties de la côte de Guinée. Ce qu'elle a de plus, c'est un sol accidenté, aurifère, un climat plus sain et des points abordables presque de tout temps et dans toute saison. Elle est élevée, coupée de petites montagnes, de criques, de rivières, couverte de villages et de forts, autour desquels sont bâties des villes à l'européenne, et les habitants sont, comme nous l'avons dit, les plus civilisés et les plus laborieux.

Pas une seule des rivières qui divisent cette côte qui ne roule des paillettes d'or. Il n'est peut-être aucun pays du globe plus riche que celui-là ; et s'il était possible de creuser la terre et de découvrir les terrains les plus aurifères, on en tirerait des richesses incalculables. Mais malheureusement le climat s'y oppose, car il suffit de laver le sable des rivières, de gratter le sol à quelques pieds de la surface pour trouver ce riche minerai.

Les noirs connaissent les veines supérieures des mines. Ils creusent des grands trous de sept à huit pieds de profondeur et trouvent l'or en poudre en abondance.

C'est pendant la belle saison qu'ils s'occupent de ces exploitations ; ils les abandonnent quand les pluies arrivent ; ces trous se remplissent d'eau, les éboulements du terrain les comblent presque, et les noirs vont sur d'autres points faire leurs recherches.

C'est avec ces simples moyens que ces peuples extraient des quantités considérables d'or. Que serait-ce, si ces mines étaient exploitées par des hommes capables ?

D'après les renseignements que nous nous sommes procurés sur la Côte-d'Or, soit auprès des négociants ou des noirs traitants, soit par les chefs et Cabocères, et d'après l'opinion de MM. Clapperton, John Beecham et autres, qui se sont occupés d'en faire le relevé approximatif, il a été reconnu que les peuples achantis et fantis devaient extraire annuellement de leurs mines plus de cent mille onces d'or, sans compter ce qui est employé aux ouvrages d'orfévrerie et les bijoux qu'ils mettent dans les tombeaux, à la mort de leurs chefs ou de leurs parents. Pour donner une idée de la richesse de ce sol, nous raconterons ce que nous avons vu à la Côte-d'Or, l'on verra combien il serait possible d'avoir des résultats immenses, si un climat, souvent meurtrier pour des Européens, ne s'y opposait.

En 1848, nous étions à Emina, chez M. Bartels, riche négociant hollandais, né dans le pays. Il nous parlait des essais qu'avait faits le gouvernement des Pays-Bas, en envoyant d'Europe des mineurs pour exploiter des terrains très-riches, peu éloignés de ce comptoir, quelle avait été la triste fin de tous ces pauvres gens, qui avaient tous succombé après un très-court séjour sur les lieux d'exploitation.

Il voulut nous convaincre de l'abondance de la poudre d'or que le terrain des environs d'Emina contenait : « Allons, nous dit-il, promener hors ville, faisons-nous suivre d'un domestique pour apporter la terre que nous prendrons au premier endroit venu : » et nous sortîmes tous ensemble. Quand nous fûmes dans la campagne, il nous invita à prendre dans plusieurs endroits différents de la terre, afin de voir quelle serait la quantité d'or que nous y trouverions.

Nous en prîmes une certaine quantité que nous apportâmes à la maison. Nous en pesâmes dix livres que nous fîmes mettre dans un grand plat en bois à l'usage des laveuses d'or. L'opération se fit sous nos yeux, et le lavage terminé, nous eûmes pour résultat un quart d'akaï, c'est-à-dire environ neuf grains.

Une négresse, qui s'occupe pendant deux heures du lavage du sable que roule la petite rivière d'Emina, peut facilement ramasser une valeur de 10 ou 15 fr. de poudre d'or.

Il paraît qu'au-delà des montagnes Kong, les noirs ne connaissent pas mieux que les Achantis la manière d'exploiter les mines ; ils se contentent de chercher les veines supérieures et d'en tirer l'or qu'ils y trouvent.

Nous avons vu des blocs de quartz sur lesquels étaient des morceaux d'or de un, deux et même trois kilogrammes ; et nous en avons apporté en France, qui ont fait l'admiration des fondeurs pour la pureté du minerai.

La Société d'Amsterdam qui, en 1847, envoya des mineurs pour exploiter, pour le seconde fois, les placers de Dabrougoun, fut très-malheureuse dans ses résultats. Ils arrivèrent au nombre de vingt-deux et furent s'établir autour des trous que les noirs avaient abandonnés ; ils y bâtirent des baraques, et, dès que les pluies eurent cessé, ils travaillèrent au desséchement de ces placers ; bientôt ils trouvèrent les veines aurifères et commençaient déjà d'en extraire passablement d'or, lorsque les fièvres et la dyssenterie vinrent les décimer. Au bout de dix mois, il ne restait plus que le sous-directeur et un mineur !... On a dû renoncer pour la seconde fois à cette exploitation.

Les Arabes, qui ont connu ce pays dès la plus haute antiquité, nous disent dans un manuscrit qui est encore à la bibliothèque de Séville « que les caravanes partaient d'Alger et allaient au pays de Soudan ou de l'Or, passant par Tomboucton. » Ce pays, nous le pensons, n'est que la contrée comprise entre les montagnes Kong et l'Océan, depuis le fleuve Sénégal jusqu'au Niger. Mais la partie la plus aurifère paraît être comprise entre la rivière Saint-André et la rivière Volta, en deçà des monts et au-delà, entre Galam et le pays de Borko.

Si le climat, moins meurtrier, permettait aux Européens d'exploiter le pays, comme le Pérou et la Californie, nous pensons que l'on retirerait peut-être plus d'or de cette partie du monde que de l'autre. C'est sans doute un bien, car il est probable que les noirs ne sauront de très-long-temps encore exploiter leurs mines plus avantageusement, et la même quantité d'or continuera d'arriver sur les marchés du littoral de cette partie de l'Afrique.

Les noirs considèrent les mines comme des lieux sacrés, dont ils ne sauraient approcher sans l'autorisation des rois et des chefs ; elles sont sous la protection de leur bon génie.

Quand le temps de l'exploitation arrive, le roi ordonne au grand-prêtre des sacrifices, après lesquels il est permis d'y aller travailler ; de cette manière, elles sont inviolables, et tant que l'interdiction a lieu, les noirs superstitieux et soumis se gardent bien d'y toucher.

A quoi, du reste, leur servirait d'avoir en quantité de ce riche métal ? Serait-ce pour des objets de luxe, dont ils n'ont pas un grand besoin ? Disons que la prévoyance des rois africains a devancé celle des czars.

Si les voyageurs qui, comme Châteaubriand, ont parcouru l'Amérique et ont décrit les beautés et la grandeur majestueuse de la nature de cette partie du monde, avaient pu visiter le continent africain, ils auraient trouvé sur cette terre mystérieuse d'autres éléments d'admiration pour leur imagination ardente et leur verve poétique. Ils auraient fait des découvertes utiles à la science ; la géographie l'etnographie et l'histoire naturelle se seraient enrichies de nombreux sujets d'étude encore inconnus, dont abonde ce pays entièrement neuf pour l'Europe.

Tout est grand et colossal dans cette immense partie du globe. Sous ce ciel brûlant, au milieu de cette atmosphère humide, les plantes, les animaux prennent des proportions étonnantes, et les poissons que l'on trouve dans les fleuves et sur la côte sont en proportion et en harmonie avec les oiseaux qui habitent ces vastes régions.

On voit des plantes dont les feuilles ont plusieurs mètres de longueur, des arbres d'une grosseur prodigieuse et

d'une hauteur immense. Tels sont le bouabab et le mi-
nosa à haute tige ; ce dernier s'élève à plus de 130 pieds
au-dessus du sol , droit et uni, portant à son extrémité une
tige immense qui se développe en un parasol d'une circonfé-
rence de 20 mètres ; son bois se travaille avec facilité quand
il est sec , et, quoique presque aussi léger que le liége , il
est cependant assez solide pour résister aux brisants de la
côte, lorsque les noirs l'ont transformé en pirogues grande
et gracieuses.

Si, après avoir admiré ces beaux végétaux que la nature
reproduit sans cesse sans que l'homme s'en occupe, nous
portons notre attention sur les animaux qui habitent ces
immenses déserts et ces impénétrables forêts, nous verrons
que, dans aucune autre partie du monde, les quadrupèdes
et les reptiles n'atteignent à de pareilles proportions, à une
égale force.

Le tigre royal, le lion, l'éléphant, le rhinocéros, le ser-
pent boa , les crocodiles , sont tous d'une espèce plus
grande, plus robuste qu'ailleurs. Il en est de même des poissons, des oiseaux, et, en général, les noirs sont infini-
ment plus vigoureux que toutes les autres races d'hommes.

Si on parcourt la campagne, à quelques lieues seulement
de la mer, on la trouve belle de sa sauvage nature, et plus
on avance, plus elle le devient par ses productions si variées et si utiles.

Cette terre vierge produit , sans recevoir le travail de
l'homme, tout ce qui est nécessaire à l'existence de ses
habitants. On y rencontre toutes les plantes utiles et les
fleurs les plus belles et les plus odoriférantes des tropiques ;
tous les arbres y croissent, la nature y est jeune constamment, et cette végétation continuelle, effaçant les transi-
tions dans l'état des plantes, semble les conserver toujours
prêtes à donner leurs fruits.

Combien la nature est prévoyante et sage ! Elle gratifie
ce pays brûlant de rosées abondantes pendant les neuf
mois de l'année où il ne tombe pas une seule goutte d'eau

pour humecter la terre, et donner à ces vastes forêts le suc nécessaire pour le développement des nombreux végétaux qui la couvrent. Quel tableau de désolation n'offriraient pas ces contrées sans cette humidité bienfaisante, au lieu du printemps continuel dont elle jouit?

L'œil se repose agréablement sur ces vastes plaines émaillées de fleurs, sur ces forêts impénétrables coupées de rivières et de ruisseaux qui les baignent dans toute leur étendue, et font de ce beau pays un vaste parc naturel, orné par la main de Dieu.

Le cafier, la canne à sucre, le giroflier, l'arbre à cannelle et une foule d'espèces inconnues dans les autres pays inter-tropicaux, tels que l'arbre à gomme, le sandal, l'ébène, etc., croissent en Afrique. Le riz, le maïs, les légumes de toutes espèces, les fruits les plus savoureux y viennent sans culture. Le noir jouit de toutes ces richesses, il s'en nourrit sans avoir la peine de leur donner aucun soin. Il n'est donc pas étonnant qu'il soit aussi paresseux et qu'il aime tant son pays ; il le regrette toujours quelle que soit sa position ailleurs, et s'il l'a quitté assez âgé pour s'en souvenir, il en parle sans cesse avec regret. Aussi vit-il dans l'indolence et dans l'insouciance la plus complète, et sa vie s'écoule-t-elle ainsi fort heureuse. Quoique esclave et pouvant être ou vendu ou sacrifié par un maître capricieux et absolu, il jouit d'une liberté apparente, qu'il conserve souvent toute sa vie. N'ayant rien, ne regrettant rien, il voit arriver la mort sans crainte et sans douleur. Il n'a dans ce monde aucun souci de lui-même, la nature pourvoit à tous ses besoins : ces biens, il les trouve en naissant, il en jouit sans excès, sans passions, il les laisse sans peine. Ses femmes, ses enfants, n'ont jamais besoin de lui, et l'attachement, qui est toujours en raison des peines et des soins donnés ou reçus, n'existe guère chez des hommes aussi près de l'état de nature.

De tous les végétaux, le cocotier est le plus utile aux noirs, aujourd'hui surtout qu'ils commencent à savoir

tirer un bon parti de ses fruits. Cet arbre, qui, sous la dé-
nomination générique de palmier, a tant d'espèces variées, en fournit deux qui croissent plus facilement près de
l'Equateur, l'une appelée cocotier, dont les fruits sont très-
gros, l'autre nommée tout simplement palmier, qui a ses
fruits semblables à ceux du cocotier, mais seulement de la
grosseur d'une noix, recouverts à l'état de maturité d'une
pulpe jaune, de laquelle on extrait une graisse végétale qui
dans le commerce prend le nom d'huile de palme.

Depuis une trentaine d'années seulement, les noirs du
littoral ont commencé à s'adonner à la manipulation de
cette huile; auparavant ils ne s'en servaient que pour leur
usage particulier; mais aujourd'hui, depuis Gambie jusqu'aux
possessions portugaises du Sud, elle occupe une partie de
la population. Le commerce l'emploie dans une foule de fa-
brications, et sa consommation, dans ces dernières années,
a été d'une valeur considérable. Aussi, le trafic qu'on en fait
sur la côte d'Afrique a-t-il donné des résultats admirables.

La sève de ce même palmier donne une liqueur excel-
lente quand elle est bue peu de temps après sa sortie de
l'arbre. Les noirs en font leur boisson ordinaire. Sortant
du végétal, elle ressemble parfaitement à l'orgeat, tant par
la couleur que par le goût; quelques heures après, elle
prend un petit goût acide très-agréable, et c'est alors qu'on
la boit avec le plus de plaisir. Après un jour, elle se co-
lore en rose et s'aigrit tout à fait. Mais les noirs ont bien
soin qu'elle n'arrive pas jusqu'à cette période de fermen-
tation. Il faut que l'arbre ait atteint sa cinquième année
pour que la liqueur soit la meilleure possible; alors on le
saigne et il en coule assez pour en avoir environ deux litres
par vingt-quatre heures. Cette liqueur est reçue dans des va-
ses de terre que l'on append sous l'incision faite au végétal.

Les noirs sont très-assidus à recueillir cette boisson,
les femmes seules en sont chargées. Mais ce sont les
hommes de la campagne qui viennent la vendre sur le
littoral. Ils arrivent vers le milieu du jour, et chacun

les attend avec impatience pour en boire copieusement.

Cette boisson est extrêmement rafraîchissante, c'est un diurétif des plus énergiques ; son action tempérante sur l'estomac et les intestins est très-efficace ; elle calme leur surexcitation dans un pays si chaud, où les maladies inflammatoires sont si communes. Aussi conseillons-nous à ceux qui voyagent sous ces latitudes d'en faire usage dans l'intervalle des repas et après la digestion ; elle leur sera très-salutaire ; nous tenons pour certain que tous ceux qui prennent cette habitude s'en trouvent bien.

L'eau de coco, prise le matin à jeûn, est aussi fort bonne et rafraîchit beaucoup, mais il ne faut pas trop en boire, parce qu'elle agit alors purgativement. Du reste, ces liqueurs sont fort saines ; il semblerait que la nature prévoyante les a placées pour l'homme dans ces climats de feu pour le désaltérer et atténuer ses effets terribles sur les organes digestifs et respiratoires.

Les noirs du littoral divisent l'année en deux parties ; l'une composée de 160 jours heureux, l'autre de 188 jours malheureux, ou du mauvais génie.

Pendant les jours malheureux, ils ne font rien ; s'ils sont en voyage, ils s'arrêtent, persuadés que le génie du mal les poursuivrait et les pousserait dans des dangers dont ils ne pourraient plus sortir. Cependant ceux qui habitent autour des forts ou dans les villages près de la mer, depuis longtemps au service des Européens, s'en moquent et n'observent qu'un seul jour de la semaine, qui est le mardi. Ils ont aussi des mois néfastes et fastes. Durant les premiers, ils souffrent des pluies, du froid et du mauvais temps ; pendant les seconds, il fait constamment beau temps.

Cette série de beaux mois commence en septembre ; c'est à cette époque que les noirs de l'intérieur commencent leurs voyages, et que ceux du littoral se livrent à la joie, probablement parce que le soleil passe alors de nouveau sur leurs têtes et leur annonce l'arrivée des

beaux jours, la fin des pluies, des chaleurs plus tempé-
rées, les brises rafraîchissantes, et ces belles nuits tièdes
et parfumées que la brise de terre rend moins étouffantes
que dans les mois de la mauvaise saison.

Les communications devenant plus faciles, le commerce
de troque reprend son activité, les échanges se font sur
tous les points, ils ont hâte de se procurer les marchandises d'Europe nécessaires à la célébration de leurs fêtes
et à leurs plaisirs. Aussi l'eau-de-vie, la poudre, les tissus,
trouvent-ils à cette époque un débouché facile.

Tous les jours, et pendant plus d'un mois, ce ne sont
que danses, chants, musiques et promenades en habits de
fête ; ils parcourent le village et s'arrêtent aux maisons des
chefs et des traitants, où ils trouvent toujours des cadeaux préparés.

C'est devant la maison du roi que se passent chaque jour
les scènes les plus grotesques ; il préside presque toujours
à ces fêtes, assisté des personnes de sa maison et de toutes
ses femmes, et là où les rigidités de la loi du prophète ne
s'exercent pas sur le sexe, elles se mêlent aux danses des
chefs et du peuple.

Toutes ces négresses sont couvertes d'or, de corail et de
verroteries ; tout l'art de l'orfévrerie de Dagumba s'étale
sur leurs personnes. Elles se groupent par rang d'âge et
d'influence autour du monarque ou du chef, et lui chantent,
en battant des mains, les dithyrambes les plus flatteurs.

Si l'on repose la vue sur ces groupes de femmes, qui
toutes ont à subir plus ou moins le joug de ce maître
absolu, on la détourne pour jeter un regard plus agréable
sur ceux que forment de jeunes filles adultes ou de petites
négresses encore enfants. Dans les premières, on voit la
négresse flatteuse, qui brise son corps à tous les caprices
d'un despote dur, sauvage, et qui, dans ce moment,
pour chercher à lui plaire, se livre à toutes les contorsions, à tous les gestes, car elle attend de lui ou quelque
récompense ou quelque faveur. On voit parfois cette

pauvre créature, adulant ce maître hautain, en être re-
poussée ou sacrifiée; alors un sentiment de compassion
et d'intérêt s'empare de vous. Au contraire, dans les
secondes, on trouve la jeune vierge, insouciante de son
avenir, jouant, dansant, riant sans arrière-pensée, ne
s'occupant que du plaisir et de sa toilette, qu'elle aime
par dessus toutes choses. Aussi s'y jette-t-elle avec toute
la grâce de son âge et la souplesse de son joli corps, le
plus souvent à demi nu, drapé seulement d'un pagne
de soie, les jambes découvertes jusqu'aux genoux;
ces jeunes filles se livrent avec un charme admirable à
leurs danses si animées et si voluptueuses; à leurs chants si
cadencés et souvent si mélancoliques; à leurs refrains si
d'accord, que les battements de mains pleins d'ensemble
accompagnent. Enfin toutes ces couleurs si variées de
corail, d'or, de plumes, de tissus et de soie, font de ces
groupes de jeunes négresses autant de jolis bouquets
embellis plutôt par la nature que par l'art, qui les ren-
drait moins agréables.

Tout ce peuple bruyant, joyeux, insouciant, et qui,
quoique dans l'esclavage, semble jouir d'autant de liberté
qu'il lui en faut pour être heureux, se réjouit, danse et
s'enivre avec bonheur de vin de palme et d'eau-de-vie.

Toutes ces danses se terminent presque toujours par
quelques disputes plus ou moins significatives, provo-
quées par les nombreuses libations que les hommes font
dans ces jours de fêtes en l'honneur de leurs chefs.

Les noirs, en général, ont un goût particulier pour la
musique; leur oreille est fort juste; aussi leur est-il facile
de réussir dans cet art. Il en est beaucoup qui apprennent
à jouer d'un instrument sans le secours d'un maître, mais
il est douteux qu'ils puissent devenir compositeurs,
n'ayant pas ni une grande perspicacité d'esprit, ni un
grand développement d'idées. Peu persévérants et paresseux par nature, ils ne pouvaient aller bien loin dans les
travaux d'intelligence; il peut y avoir quelques exceptions,

mais elles sont rares. Les Achantis, les Fantis et les peuples du littoral sont moitié mahométans, moitié fétichistes ; quelques-uns de ceux qui habitent dans les comptoirs sont moitié méthodistes, moitié adorateurs des idoles ; tous ont beaucoup de confiance dans leurs fétiches : il serait difficile d'en trouver un qui n'en eût pas d'appendus à son cou quand il est malade.

Les prêtres du fétichisme forment deux classes bien distinctes : la première, dont le ministère est de tous les moments, préside aux sacrifices ; les autres ne sont appelés aux mystères que pendant les jours de jeûne et de prière : ils vivent seuls et sans famille, du moins en apparence.

Tous ces individus sont les parasites des chefs et les sangsues du peuple ; ils exploitent leur crédulité et ont une grande influence sur les femmes, qui, comme partout, sont plus faibles, plus crédules que les hommes. Ils se sont arrogé certains droits que les chefs ne leur contestent guère et dont ils les laissent jouir. Quoique les rois aient une grande confiance dans les *fétichéros* de premier ordre, souvent ils se moquent de leurs maléfices et de leurs malédictions, sachant fort bien leur faire couper la tête quand ces farceurs-là veulent prendre un peu trop d'autorité.

Voici ce que nous disait un chef de peuplade, grand guerrier Fantis, ami du fameux roi d'Appolonie et presque aussi sanguinaire que lui : « Vois-tu ce vieillard, c'est le premier *fétichéro* de ma peuplade et le plus grand scélérat que j'ai dans mon pays ; un de ces jours je le manderai pour qu'on lui coupe la tête ; depuis longtemps il me fatigue et me pousse à bout ; il influence mes sujets et quelques-unes de mes femmes ; enfin ce misérable coquin n'a pu jusqu'à ce jour, avec tous ses sacrifices, me dire si Aïssa, une de mes femmes, me trompait ; c'est moi qui ai découvert son crime !.... Du même coup, je ferai tomber sa tête, celle de l'infidèle Aïssa et celle de cet esclave favori qui m'a lâchement trompé. Je lui ferai déchirer les entrailles et couper les membres, supplice des grands criminels! Mais je le regrette plus qu'Aïssa, qui est cependant une de mes plus belles épouses. »

Effectivement, quoique cet esclave l'eût indignement outragé, qu'il fût dans les fers, il ne lui faisait subir aucun mauvais traitement. Il regrettait qu'il se fût rendu coupable d'un si grand crime, et balançait à en tirer vengeance. Vaincu cependant par cette passion, il ne put résister, et les fit décapiter tous les trois!...

Quand nous le revîmes au voyage suivant, il nous dit en nous serrant la main : « Aïssa n'est plus ici,... Quamina l'a suivie,.... et le scélérat de *fétichéro* est la cause de leur mort et de la sienne!... » Et il parut avoir quelques regrets.

Beaucoup de ces prêtres, dans l'intérieur surtout, sont portion mahométans et portion idôlâtres; tantôt on les voit sacrifier et interroger les entrailles des victimes, tantôt expliquer des versets du Coran.

Grands conteurs, plus instruits que les chefs et le peuple libre, ils ont autorité partout; ils imposent souvent leur volonté et rien ne se fait sans qu'ils aient été consultés. Profitant de l'ascendant qu'ils ont sur tous, ils gouvernent quelquefois plus que les chefs et les rois. Généralement ils sont bons joueurs à l'onco et consacrent une partie de leur temps à ce jeu. Ils vident bien une calebasse de vin de palme et jettent à terre avec élégance et bruit le peu de liquide que la bienséance veut qu'on y laisse; ce signe de salut est surtout très-apprécié des grands, et le plus ou le moins d'élégance ou de dextérité qu'on y déploie indique le degré de bon ton de l'individu.

La coutume veut que, lorsqu'un voyageur étranger ou un émissaire d'un roi voisin arrive, avant de pouvoir parler au chef, on le conduise au temple, et là, après la cérémonie que le *fétichéro* fait avec plus ou moins d'apparat, selon la qualité du personnage ou de celui qui l'envoie, il l'autorise à poursuivre sa mission et à se présenter devant le monarque ou le chef de la peuplade. Le *fétichéro* sait donc le premier quel est le but de la visite de l'envoyé ou du voyageur ; il peut donc par son influence lui défendre de dire au roi ce qu'il ne conviendrait pas qu'il sût, ou bien il lui trace sa ligne de conduite, de laquelle il dévie rarement, craignant les malédictions du grand-prêtre. Cette coutume a pour but apparent d'éloigner le mauvais génie et de rendre l'entrevue aussi utile et favorable à l'envoyé qu'agréable au chef ; mais au fond ce n'est qu'une supercherie du *fétichéro*.

Le grand-prêtre étant sacrificateur, a seul le droit de plonger le couteau dans le sein des victimes. Il se prépare pendant un certain nombre de jours à cet acte solennel par la retraite, où l'accompagne toujours celui ou celle qui doit être sacrifié. Heureusement que ces sortes de sacrifices humains n'ont lieu qu'à l'occasion des plus grandes calamités, lorsque, par exemple, le génie du mal, dans sa colère, envoie une grande épidémie, ou avant de se mettre en campagne pour la guerre contre un roi voisin, ou quand le monarque est sérieusement malade. Cependant, on voit se livrer aussi quelques peuplades du littoral à cette barbare coutume pour honorer les funérailles des rois. Dans l'intérieur du pays elle règne dans toute son extension. A Dahomeg, par exemple, les sacrificateurs humains sont nombreux. Dans toutes les occasions, le grand-prêtre est consulté pour ces sortes de sacrifices ; lui seul décide absolument s'ils sont ou ne sont pas nécessaires, mais dans le seul cas de maladie grave du roi.

On voit que ce pontife joue aussi un grand rôle chez les noirs : à sa charge déjà si importante de grand-prêtre, il ajoute celle d'oracle et de sacrificateur, soit qu'il doive prédire le bien ou le mal à son roi, soit qu'il ait à apaiser la colère du génie du mal.

Dans toutes les villes ou tous les villages, il y a un lieu destiné aux sacrifices et à la prière : il est généralement choisi dans la forêt voisine, au milieu du silence de la nature, dans la partie la plus enfoncée et la plus lugubre. Un seutier tortueux et étroit y conduit ; les approches de ces espèces de temples druidiques sont marqués par les ossements humains et ceux des animaux sacrifiés !...

Une grotte naturelle ou creusée est le lieu dans lequel le grand-prêtre seul va consulter le dieu qu'il invoque. De grands arbres, des massifs de lianes, des plantes grimpantes en désignent l'entrée et la ferment au peuple qui se tient à l'écart.

Le silence, la majesté du lieu, la nature si belle, si grande, les traces qu'un crime lègue à un autre crime, les restes hideux des victimes sacrifiées, le son du tamtam, le bruit roulant du tambour de la mort, les chants lugubres du peuple en désordre, toutes ces figures noires et sinistres, tous ces cris aigus et effrayants de bêtes féroces, que les échos de la forêt répètent, inspirent à l'Européen, témoin de ces scènes de carnage et de haute barbarie, une horreur indéfinissable. Il frissonne, il est ému ; que de tristes pensées sur cette pauvre humanité, à l'état sauvage comme à celui de civilisation ! Elle s'entre-détruit sans cesse par des moyens différents, mais toujours en invoquant la protection de celui qui, en créant tout ce qui existe, a voulu mettre un terme à la destruction, sans qu'il puisse appartenir à quelque individu que ce soit, de chaque espèce, de l'avancer ou de le reculer.

C'est dans ce lieu plein de majesté et d'horreur que le grand-prêtre se retire avec sa victime destinée au sacrifice. C'est là que, durant un quartier de lune et quelquefois pendant une lunaison entière, il va se préparer à être agréable au dieu auquel il la sacrifiera ! Pendant tout ce temps de retraite, des esclaves sont chargés de lui apporter chaque jour des provisions de toute espèce ; le vin de palme le plus frais, les fruits les plus beaux lui sont envoyés par le roi. On les dépose à l'entrée de la grotte mystérieuse.

Tous les jours après le lever du soleil, le grand-prêtre sort de son antre et va s'asseoir dans un lieu préparé pour ses ablutions : il y trouve tout ce qui est nécessaire à sa toilette. Après une invocation faite à haute voix au Dieu du jour vers lequel il est tourné, il appelle à lui des aides pour préparer son corps au service de la divinité qu'il sert!...

A ce cri, trois jeunes femmes, des prêtresses sans doute, richement parées, sortent du milieu des buissons et se présentent dans l'attitude la plus humble pour le service de l'augure vénéré ; l'une d'elles lui lave le corps, l'autre le peint et le tatoue, la troisième arrange sa chevelure ; il se laisse faire, et pendant tout le temps qu'il reste entre les mains de ces femmes, il ne profère pas une parole.

Quand sa toilette est terminée, les prêtresses se retirent et disparaissent ; le grand-prêtre lève les yeux vers le soleil, murmure quelques mots et rentre dans sa tanière ; de tout ce qui se passe dans ce lieu de ténèbres et de mystère, on ne sait rien : personne n'y peut pénétrer. Après midi, un des prêtres du second ordre vient s'asseoir sous un arbre désigné tout près de la grotte mystérieuse, là il attend tranquillement l'apparition du grand-prêtre ; celui-ci se montre bientôt ; il s'avance gravement vers son confrère et le salue ; l'autre se baisse jusqu'à terre ; il reste dans cette posture jusqu'à ce que le grand-prêtre lui donne un un léger coup de pied sur la tête ; il se redresse alors un peu, saisit et baise le pied qui vient de le frapper, et se relève tout à fait.

Cette cérémonie finie, ils s'asseyent sur un tronçon d'arbre, à l'ombre ; le grand-prêtre écoute attentivement les nouvelles que lui apporte son acolyte, espèce d'espion, qui vient lui rendre compte de tout ce qui se passe au village ; puis, leurs confidences finies, ils répètent la même cérémonie, et les deux *félichéros* prennent le chemin de leurs demeures.

Pendant tout le temps de cette retraite, chaque jour aux mêmes heures recommencent les mêmes cérémonies.

Nous avons assisté à un de ces sacrifices humains. C'était pour obtenir la guérison du roi sérieusement malade, puisqu'il était à la troisième période d'une phthisie pulmonaire.

Le grand-prêtre avait une vengeance à assouvir; comme c'était lui qui déclarait la nécessité du sacrifice, il avait aussi le choix de la victime; il désigna donc au roi celle de ces femmes qu'il jugeait la plus propre à cet acte si important : d'avance il était sûr de l'obtenir. Voici comme le misérable y parvint. Voyant que la santé du monarque s'affaiblissait sensiblement et qu'il n'avait pas longtemps à vivre, il s'associa à quelques-unes des femmes du roi, à quelques chefs et aux courtisans pour insinuer à ce pauvre noir de demander au grand-prêtre le sacrifice d'une de ses femmes, espérant apaiser par ce moyen le génie du mal et de choisir pour ce sacrifice, qui devait être le plus solennel possible, une de ses plus belles femmes. Le monarque, faible et débile, accorda tout, et le grand-prêtre fut appelé près de lui.

« Penses-tu, lui dit-il, que je puisse guérir en sacrifiant une de mes femmes? Crois-tu que je ne serai plus tourmenté par le génie du mal? » Et le grand-prêtre lui affirma qu'il en était convaincu, qu'il serait inspiré par l'inspection des entrailles de la victime, et qu'il connaîtrait de suite le remède le plus efficace pour la guérison de la phthisie dont il souffrait. « Hé bien, lui dit-il, choisis parmi mes femmes celle qui te convient. — Majesté, lui dit le grand-prêtre, celle qui me paraît la plus digne et la plus agréable au génie du mal, c'est Acha!..... » Le roi parut ému un moment; puis il lui répondit tristement : « Prends-la! »

Acha, fille d'un des principaux chefs, une des plus belles du sérail, était une des femmes les plus dévouées au monarque; elle détestait le grand-prêtre; celui-ci l'aimait;... il voulait la posséder, il y parvint par un crime atroce!.....

C'est une faveur insigne que de sacrifier sa vie pour son roi; c'est la plus grande marque de distinction qu'un chef africain puisse jeter sur une maison quand il désigne un de ses membres pour être sacrifié, soit pour apaiser la colère du mauvais génie, soit pour connaître quel sera l'avenir de la patrie! Mais cette faveur et l'honneur qui en découle est bien plus grand, quand il s'agit de sauver son prince! Aussi la pauvre fille apprit avec joie cette triste nouvelle.

La malheuréuse Acha fut donc appelée auprès du lit du roi, plusieurs femmes la suivaient. Le grand-prêtre, le misérable, présidait à cette scène de deuil et de regrets!... Elle s'avança, s'inclina, et, dans l'attitude la plus humble, sans paraître nullement affligée, elle écouta la terrible sentence que le monarque lui signifia d'une voix émue.

« Acha, femme chérie, lui dit-il, toi que j'ai choisie toute jeune encore pour être une des compagnes de ma vie, toi que j'aime par-dessus tout, et que je dois ne plus revoir, écoute!...

« Je vais bientôt perdre cette vie, dont une partie était à toi;..... toi seule peux la sauver par le sacrifice de la tienne..... Veux-tu mourir pour moi?... » Et la pauvre fille, avec un sourire doux et significatif, tranquillisa le roi, qui se détourna brisé par la douleur : il eut pourtant la force de dire au grand-prêtre dont le cœur débordait de joie : «Prends-la, puisqu'il te la faut!... » Consentement arraché à ce chef faible et superstitieux, malgré toute la répugnance qu'il avait à perdre pour toujours cette esclave chérie, qu'il aimait réellement. Le sacrifice d'une autre lui eût été moins pénible; mais l'espérance de sauver sa vie par la mort de celle qu'il croyait aimer, décida ce misérable à la laisser immoler.

Aux dernières paroles du roi, toutes les femmes qui entouraient cette pauvre enfant la prirent dans leurs bras, la comblèrent de douces caresses, et l'emmenèrent pour la préparer à suivre le scélérat de *fétichéro* qui devait la posséder et l'assassiner! Le lendemain elle lui fut livrée.

Le peuple accompagna la malheureuse Acha jusqu'aux avenues du temple du fétichisme, en chantant les louanges les plus flatteuses pour cette pauvre fille, qui, par le sacrifice de sa vie et l'honneur d'avoir été choisie pour cet acte sublime, élevait sa famille et son nom au plus haut degré dans l'esprit de ces sauvages.

Nous arrivâmes quelques jours avant la fin de la retraite du grand-prêtre; nous pûmes donc, malgré notre répugnance pour ces scènes de sang, être les témoins oculaires de la mort de cette infortunée jeune fille! Un beau soleil favorisait cette cérémonie hideuse de sang.

Dès le lever du soleil, on entendait déjà dans tout le village des coups de fusil annonçant la solennité du jour.

Le peuple, paré de ses habits de fête, les musiciens, les bardes, les guerriers, les hommes d'armes, les femmes des hommes libres, des chefs et du roi, les *fétichéros* du second ordre, et le tambour de la mort étaient réunis sur une place : tout ce monde défila en bon ordre, et prit le chemin étroit et tortueux de la forêt.

La musique la plus bruyante, des chants à pleine gorge, des cris aigus, des sauts, des danses, des contorsions animaient cette populace avide de sang. Elle se pressait pour arriver le plus vite possible sur le théâtre de cet acte barbare et jouir de la vue d'un spectacle qui l'enivrait de joie.

Déjà la pierre du sacrifice avait été dressée sur une place qui précédait l'entrée de la grotte. Des feuilles et des fleurs couvraient le sol et entouraient l'autel.

Le peuple s'était rangé tout autour en ordre et en silence. Les femmes et les jeunes filles, occupaient le centre et se trouvaient le plus près du sacrificateur et de la victime. Les guerriers, les hommes d'arme et les chefs étaient à droite, les musiciens, les bardes, occupaient la gauche, les *fétichéros* portaient les instruments du sacrifice. Ceux-ci s'approchèrent de l'autel, y déposèrent les couteaux sacriléges et les calebasses qui devaient recevoir le sang et les entrailles de la pauvre Acha.... Puis après ils se dirigèrent vers le sentier qui conduisait à la grotte mystérieuse et disparurent.... Pendant tout ce temps, le peuple garda le plus grand silence, après lequel recommencèrent les chants, les danses et le bruit des tambours.

Alors les bardes s'avancèrent vers l'autel, suivis des joueurs d'instruments et entonnèrent les chants et les airs lugubres précurseurs du sacrifice.

Les bardes femelles célébraient la faveur insigne que le roi avait faite à cette épouse choisie, et l'honneur qui allait en rejaillir sur sa famille. Celle qui improvisait et entonnait ces chants de louange disait : « Heureuse Acha, le chef te devra « la vie !.. Le grand Etre sera satisfait de ton dévouement, « et le génie du mal calmera sa colère !... Que ta mère est « heureuse ! le ventre qui t'a portée dix lunes tressaillait de « joie quand elle te mit au monde ! Quelle est celle d'en- « tre toutes les femmes de notre maître qui ne voudrait « être à ta place ? Heureuse et belle Acha, viens, le peuple « et les grands t'attendent, tout est prêt pour le sacrifice. » Le barde mâle dit à son tour : « Quel est celui qui ne « donnerait sa fille, sa femme et sa sœur pour sauver no- « tre roi..., notre bon roi, si jeune encore, si vaillant à la « guerre et si juste pour son peuple ? Heureuse celle sur « laquelle le destin jette les yeux pour un si noble sacri- « fice ! Il sera dit aux petits-fils de cette noble maison « qu'une de ses aïeules a été assez agréable au malin es- « prit pour apaiser sa colère, et rappeler à la santé et à la « vie son époux et son prince, près de descendre dans la ré- « gion des ténèbres !... Honneur à Acha, à cette douce fille « du vieux guerrier Coju ! Qu'elle aille au séjour des heu- « reux !... »

Ces louanges durèrent environ une demi-heure ; après quoi on entendit une voix sépulcrale, sortant du fond de la caverne, ordonner au peuple de cesser les chants ; « car, dit la « voix, l'être le plus pur, la vierge la plus belle, sort en « ce moment du temple sacré et vient consommer le sacri- « fice de sa vie pour sauver son prince !... Silence !... Vous « vous livrerez de nouveau à la joie quand le sang cou- « lera, et que les vapeurs qui s'en élèveront porteront l'âme « d'Acha dans les régions qu'elle doit habiter... Silence !...» Alors parut à l'issue du lieu mystérieux la troupe inique des *fétichéros* du second ordre, ouvrant la marche au grand-prêtre. Venait après lui la pauvre Acha, toute nue, n'ayant qu'une ceinture de fleurs et de feuilles : son corps était tatoué de blanc. A sa vue, il y eut un moment de joie sauvage et quelques cris d'approbation qui cessèrent sur un signe du grand-prêtre.

Elle s'avança lentement vers l'autel ; le grand-prêtre l'invita à s'y asseoir, lui fit quelques signes cabalistiques, et, se tournant vers le peuple, lui adressa ces paroles comme préambule du crime qu'il allait commettre : « Acha est à « sa dernière heure, dit-il ; le Grand-Esprit est en elle, il m'a « parlé par sa bouche. Notre roi ne mourra pas ! » Et d'un signe, il ordonna au tambour de la mort de faire entendre ses roulements sinistres. A ce son lugubre, tout le peuple jeta des cris épouvantables, battit des mains, se livra à des danses et des contorsions diaboliques !.... Les chants, les cris et le bruit des instruments retentissaient au loin dans le silence de la forêt

Le grand-prêtre prenant alors des mains d'un *fétichéro* le couteau sacrilége, qu'il devait bientôt plonger dans le sein de sa victime, nous vîmes ce misérable, avec tout le calme que donne l'habitude du crime, ordonner à la pauvre Acha de s'étendre sur l'autel ! Elle obéit avec le calme et l'indifférence du stoïcisme : elle était arrivée à ce moment suprême où toutes les facultés intellectuelles sont comme paralysées.... Elle reçut la mort !...

Nous détournâmes les yeux de ce triste et douloureux spectacle, et le cri arraché à la malheureuse nous annonça que le misérable bourreau l'avait assassinée !... Le sang fut reçu avec soin dans un vase de bois, et, quand le corps n'eut plus de mouvement, le grand-prêtre, avec la même barbarie et le même sang-froid, fit l'inspection des entrailles ! Et, se tournant vers le peuple, il s'écria, avec une assurance diabolique : « Le roi vivra !... »

A ce cri, le bruit redoubla, les danses, les libations, les orgies n'eurent plus de bornes.

Enfin, des femmes des plus nobles familles vinrent recevoir des mains du sacrificateur les restes inanimés de la pauvre Acha. On plaça son cadavre sur un brancard couvert de fleurs, que les femmes emportèrent en chantant des airs mélancoliques. Le grand-prêtre et ses acolytes suivaient, les chefs et le peuple venaient après. Le cortége se mit en marche et se dirigea vers la maison du monarque.

Le grand-prêtre, suivi des chefs seulement, fut rendre compte au roi de l'oracle, et l'assurer que sa vie n'était pas en danger ; que bientôt il jouirait d'une santé parfaite, et il lui traça la conduite qu'il devait suivre pour arriver à une guérison complète. Mais le malheureux prince était trop près de la mort... il expira quelques jours après.

La pauvre Acha fut inhumée sans pompe et sans bruit, comme cela se pratique chez les noirs pour les femmes et les jeunes filles.

Quelques jours après, nous vîmes le grand-prêtre et nous lui dîmes que son sacrifice n'avait servi à rien, puisque le roi était mort ; la perte de cette pauvre fille était bien inutile. « Quand cesserez-vous d'être aussi sauvage et de croire surtout que vos dieux ont besoin du sang de vos semblables? » Il se mit à rire, et nous répondit que c'était la coutume des noirs.

Un mois ne s'était pas écoulé depuis la mort du monarque, que le pontife était égorgé par ordre de son successeur.

Quand c'est un sacrifice avant le combat, on immole un prisonnier. C'est le plus brave que l'on choisit. Il est coupé en très-petits morceaux et distribué à tous les hommes d'armes. Cette coutume cannibale a lieu, nous disait un guerrier du pays de Bouny, pour exciter davantage l'ardeur guerrière des combattants, et il ajoutait avec la conviction la plus intime : « Plus la victime a été un soldat redoutable, plus l'enthousiasme est grand, plus le courage des guerriers est assuré, car toute la valeur belliqueuse du mort passe dans le corps de ceux qui l'ont mangé !... »

Dans les peuplades de l'intérieur, parmi lesquelles les sacrifices ont encore lieu à certaines époques de l'année ou après certaines périodes, ils sont précédés de réjouissances publiques que le peuple pousse à l'excès. A Dahomet, à Comassi, à Buntuku, à Dwabiun et dans d'autres villes du Soudan-Sud, on sacrifie un nombre considérable de prisonniers ; souvent plus de trois mille passent sous la hache du bourreau ; exécrables et barbares coutumes !

Quand ce sont des prisonniers d'un haut rang, il n'est pas de tortures et de barbaries qu'ils ne leur fassent souffrir. On leur coupe les oreilles, les mains, les parties, leur laissant seulement la tête et les jambes, afin de pouvoir les faire marcher par force, ou les traîner en cet état jusqu'au lieu du sacrifice.

Il est impossible de décrire la joie féroce que ces peuplades de tigres éprouvent à la vue des douleurs et des souffrances du misérable patient qu'ils traînent à la mort !...

Sur tout le littoral, dans le golfe de Benin excepté, les sacrifices humains ont disparu ; mais dans l'intérieur, à quelques lieues seulement, plus ou moins, cette exécrable coutume existe encore.

Tous ces peuples regardent la mort comme quelque chose de si naturel, qu'ils n'éprouvent aucun sentiment pénible à la vue de leurs semblables expirants, même dans les tortures, ce qui explique assez le peu de répugnance qu'ils ont pour les sacrifices humains. Ceux qui ont quitté cette barbare coutume font à leurs dieux des sacrifices d'animaux.

Nous terminerons cet aperçu des mœurs du peuple de la Côte-d'Or, par l'exposé de quelques coutumes sociales, telles que le salut, le serment, l'hospitalité.

Les noirs se saluent à la manière antique des peuples d'Orient, ou suivant la coutume des Maures avec lesquels ils sont en relation.

Quand deux noirs d'égale condition se rencontrent, ils découvrent leur épaule gauche et jettent leur pagne sur le bras, s'appelant par leur nom; ils se prennent la main et font glisser les extrémités de leurs doigts les uns sur les autres assez fortement pour qu'arrivés à l'index et au pouce, leur frottement produise un bruit assez fort.

Si c'est un inférieur qui salue son supérieur, il s'arrête, se découvre l'épaule et le laisse passer, ne se couvrant qu'après.

Si c'est un esclave, il se découvre tout à fait, se baisse jusqu'à terre, lui baise les pieds, et reste dans cette attitude humiliante jusqu'à ce que le maître lui dise de se relever.

Le serment le plus usité chez ces peuples est celui du trait. Ils le font en prononçant certaines paroles et en enfonçant en même temps la pointe d'un couteau ou de tout autre instrument aigu dans la terre ou dans un arbre.

Chez quelques peuplades qui ont vu les malheureux juifs que l'on y avait bannis au quatorzième siècle, le serment se fait en se frappant sur la cuisse.

Mais de toutes les coutumes, celle qui rappelle le plus l'antiquité, est celle de l'hospitalité. Elle se pratique chez tous les peuples du littoral dans toute son extension; rien n'est oublié, depuis le lavage des pieds jusqu'aux faveurs de la sœur ou de la fille de la maison; tout est prodigué au voyageur blanc qui visite ces peuples pour faire avec eux le commerce d'échange, surtout quand il les a visités quelquefois, qu'il est connu, qu'il a su s'attacher les chefs, et le plus grand honneur que l'on puisse faire à un chef, à un cabocère, à un traitant libre, c'est d'aller loger chez eux. Ils vous comblent, à leur manière, de prévenances et de soins dont vous êtes étonnés. Ils ne veulent jamais recevoir de paiement; mais ils savent qu'ils ne perdent rien à agir ainsi.

Nous avons dit que c'est au Grand-Bassam que commençait la Côte-d'Or, la seconde place est Assenée, petit village auprès duquel les Français ont placé un blokaus.

Paris. — Imprimerie de Pommeret et Moreau, 17, quai des Augustins.

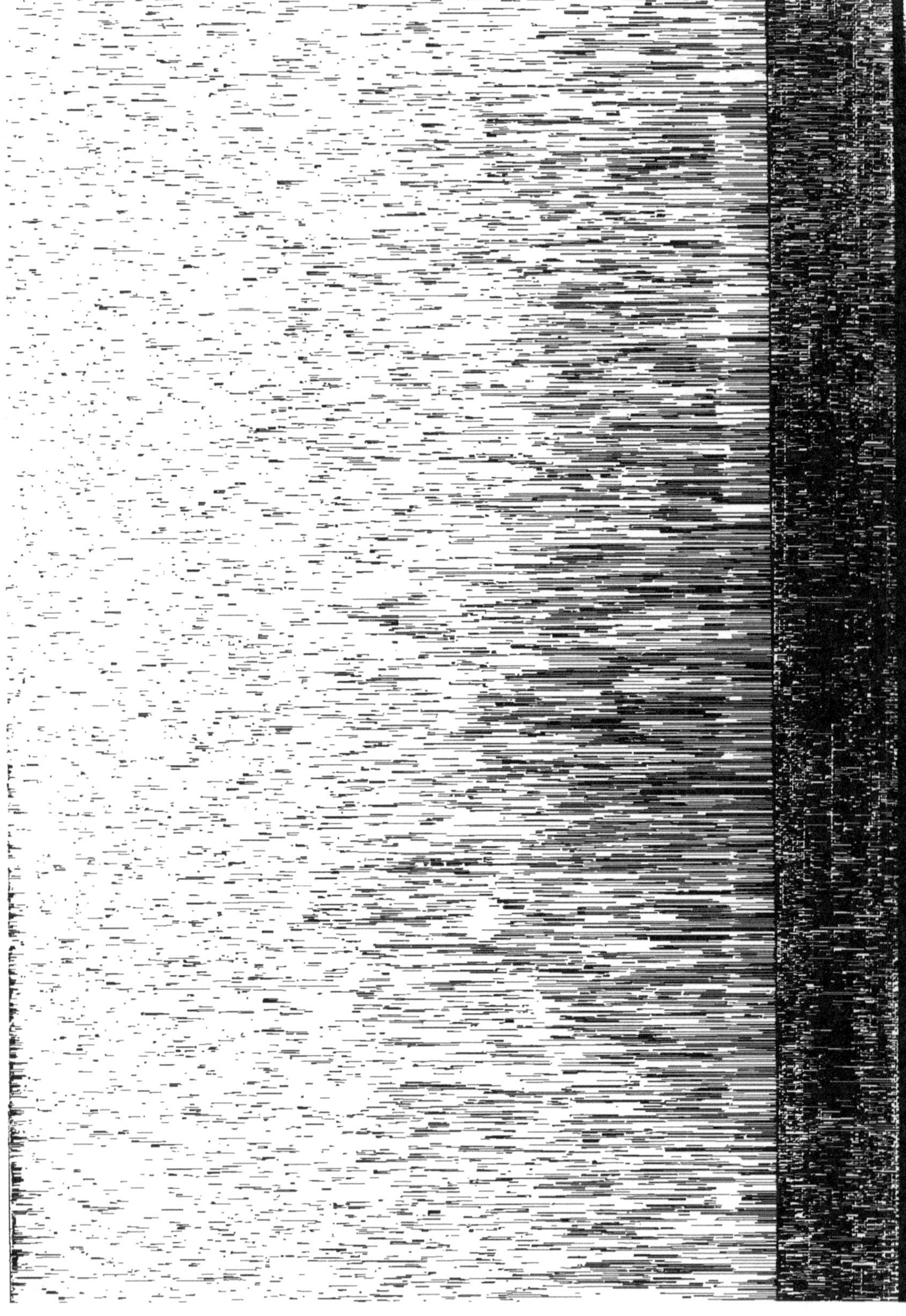